图灵教育

站在巨人的肩上
Standing on the Shoulders of Giants

图灵教育

站在巨人的肩上
Standing on the Shoulders of Giants

图 3-3 设置 Text 的字体颜色

图 3-16 Text 样式

图 3-17 给 Text 设置段落样式

图 3-27 带边框的按钮

图 3-33 为 Image 设置 colorFilter

图 3-37 圆形进度条参数设置

图 3-40 条形进度条参数设置

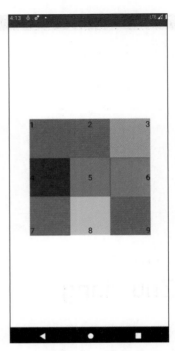

图 4-9 Box 效果展示

图 3-41 给条形进度条设置具体进度

图 4-12 weight 效果展示

图 5-12 BottomNavigation 的使用

图 5-13 BottomNavigation 示例

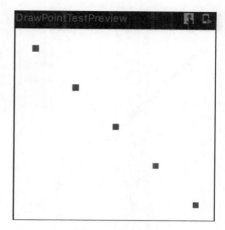

图 6-1 绘制点

图 6-6 线性渐变

图 6-7 精确的线性渐变

图 6-8 使用 Canvas 绘制线段

图 6-9 使用 Canvas 绘制矩形

图 6-16 绘制椭圆和矩形

图 7-12 Column 布局

图 7-13 滑动事件

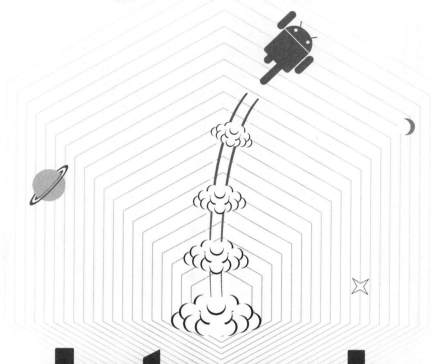

Jetpack Compose

Android 全新 UI 编程

朱江 ◎ 著

人民邮电出版社

北京

图书在版编目（CIP）数据

Jetpack Compose：Android全新UI编程 / 朱江著.
-- 北京：人民邮电出版社，2021.10
（图灵原创）
ISBN 978-7-115-57322-3

Ⅰ．①J… Ⅱ．①朱… Ⅲ．①移动终端－应用程序－程序设计 Ⅳ．①TN929.53

中国版本图书馆CIP数据核字(2021)第184366号

内 容 提 要

Jetpack Compose 是 Google 官方推出的用于构建原生界面的现代 Android 工具包，能够帮助开发者用更少的代码实现更多功能，轻松、高效地构建精美且易于维护的高性能应用程序。本书系统、细致地讲解了 Compose，"手把手"教开发者如何在实际项目中使用 Compose。首先介绍了如何搭建 Compose 的开发环境，以及编写第一个 Hello World 程序，然后介绍了 Compose 的各类简单或复杂的控件、布局、视图，接着介绍了 Compose 中的动画和手势操作以及如何与其他 Jetpack 库搭配使用，最后带领读者从头到尾完整地开发一个简单的项目。

本书深入浅出，适合所有想要或正在从事 Android 开发的人阅读。

◆ 著　　　朱 江
　责任编辑　王军花
　责任印制　周昇亮
◆ 人民邮电出版社出版发行　北京市丰台区成寿寺路11号
　邮编　100164　电子邮件　315@ptpress.com.cn
　网址　https://www.ptpress.com.cn
　三河市祥达印刷包装有限公司印刷
◆ 开本：800×1000　1/16
　印张：18.75　　　　　　　　彩插：2
　字数：419千字　　　　　　　2021年 10 月第 1 版
　印数：1－3 000册　　　　　 2021年 10 月河北第 1 次印刷

定价：99.80元
读者服务热线：(010)84084456　印装质量热线：(010)81055316
反盗版热线：(010)81055315
广告经营许可证：京东市监广登字 20170147 号

前　　言

从 2008 年 10 月第一部 Android 智能手机发布到现在，Android 已经走过了十余年的历程。从最开始任何框架都没有，做一款应用程序基本需要全部手写代码，到现在各种框架"满天飞"，Android 已形成一套完整的开发体系。而后 Google 官方又推出了 Jetpack 帮助开发者开发 Android 应用程序。Jetpack 是一个由多个库组成的套件，可以帮助开发者遵循最佳做法，减少开发中的样板代码，让开发者能够集中精力编写更重要的代码，本书所讲的 Compose 正是 Jetpack 的一部分。

写作缘由

2019 年 5 月，Google 在 I/O 大会上公布了 Android 全新的 UI 系统 Compose，但是直到 2020 年 9 月才发布了第一个 Alpha 版本，此后在各大技术网站移动开发模块中有很多人开始尝试使用 Compose 编写 Android UI。2021 年 2 月，Google 终于发布了第一个 Beta 版本。时隔近两年都没有发布正式版，只发布了 Beta 版本，如此复杂但还要坚持编写 Compose，足以表明 Google 对 Compose 的重视程度。

Compose Beta 版本发布之后，各大技术网站迎来了新春，Compose 的文章铺天盖地，但相关文章碎片化严重，无法进行系统的学习。想到很多开发者应该有和我一样的困惑，而且 Compose 又极为重要，未来的 Android 开发肯定离不开 Compose，所以我就想着写一本书来帮助广大开发者快速入门 Compose 并能够实际使用。

我长期在 CSDN 和掘金等技术网站上发表技术文章，而且得到了大量开发者的认可，还被 CSDN 评为了博客专家，这几年中撰写了上百篇技术文章，本以为自己的写作经验已经足够，写一本书应该不是什么难事，但真正动笔才发现其中的艰辛。平时写博客的时候可以随心所欲地写，想到哪里写哪里，哪里理解深刻写哪里，但写书和写博客很不一样，写书需要从头到尾系统地进行讲解，而且逻辑需要更加缜密，一些细节必须考虑周全。

本书内容

本书一共分为 10 章，归纳如下。

- 第 1 章介绍 Compose 的优点以及搭建开发 Compose 的环境，兼顾了 Windows 和 Mac 平台，然后回顾 Compose 中用到的 Kotlin 知识。
- 第 2 章创建并解释第一个 Compose 应用程序，然后详细介绍 Compose 的编程思想。本章内容比较难懂，大家可以先看后面的章节，之后翻回来看会有更大的收获。
- 第 3 章介绍 Compose 中的一些简单控件，比如 Text、Button、Image 等，内容比较简单。
- 第 4 章介绍 Compose 中的布局。Compose 中的布局和 Android View 中的布局基本对应，包括线性布局、帧布局、约束布局等。本章内容比较重要，学好布局方式才能更加轻松地应对实际工作中的各种场景。
- 第 5 章介绍 Compose 中的一些复杂控件，比如 LazyColumn 相当于 Android View 中的 RecyclerView。学会本章内容，我们就可以使用 Compose 进行一些简单的开发了。
- 第 6 章介绍 Compose 中的自定义 View。在 Android View 中自定义 View 并不简单，但 Compose 帮我们做好了封装，使得自定义 View 变得不再困难。学会本章内容，就可以绘制一些常用的自定义 View 了。
- 第 7 章介绍 Compose 中的动画和手势操作。Compose 对此做好了封装，使我们可以更加简单地使用动画和手势。
- 第 8 章介绍 Compose 和其他 Jetpack 库的搭配使用，包括我们熟悉的 LiveData、ViewModel、Navigation 等。
- 第 9 章介绍 Compose 如何在之前的项目中使用，在 Compose 中如何使用 Android View，以及在 Compose 中如何进行屏幕适配。
- 第 10 章带大家从头到尾完整地开发一个简单的项目，其中用到了之前章节中讲到的大部分内容，可以帮助大家加深对 Compose 的理解。

资源下载

为了方便大家的学习，本书提供了书中所有项目的源码[①]，但还是建议先手写一遍再看源码，这样更能加深对代码的理解。

我的 CSDN 博客 Zhujiang 和公众号"江江安卓"会坚持更新 Android 相关的技术文章，欢迎大家访问交流。

[①] 请访问图灵社区本书主页获取随书资源。——编者注

本书勘误

尽管我已对全书进行了仔细的校对，但书中难免会存在一些未发现的错误，如果大家发现错误，欢迎到我的 CSDN 博客或公众号中留言，错误被确认后会提交到图灵社区本书主页。

致谢

在这段时间，几乎我所有的业余时间都用来编写此书。感谢我的家人，没有他们的支持我不可能完成此书的创作。

感谢我的女朋友星，在我写书期间她给了我很多鼓励及支持，让我有动力完成此书。

感谢在我的学习过程中与我探讨技术的各位同事及朋友，他们给了我一些创作的思路及建议。

感谢王军花编辑，她在书稿的审核过程中提供了非常多的建议。

感谢为本书做出贡献的每一个人！

目　　录

第1章　先做好准备工作 ·················· 1
　1.1　Compose 简介 ························· 1
　1.2　搭建开发环境 ························· 2
　　　1.2.1　在 Windows 上搭建开发
　　　　　　环境 ······························ 2
　　　1.2.2　在 macOS 上搭建开发环境 ··· 8
　　　1.2.3　将 Compose 添加到现有
　　　　　　项目 ······························ 9
　1.3　温习 Kotlin ···························· 10
　　　1.3.1　默认参数 ······················ 11
　　　1.3.2　高阶函数 ······················ 11
　　　1.3.3　解构数据类 ··················· 12
　1.4　小结 ····································· 13

第2章　开启 Compose 旅程 ············ 14
　2.1　创建第一个 Compose 应用程序 ··· 14
　　　2.1.1　创建 Hello World ··········· 14
　　　2.1.2　运行项目 ······················ 17
　　　2.1.3　分析第一个 Compose 应用
　　　　　　程序 ······························ 18
　　　2.1.4　使用 Preview ················· 20
　2.2　Compose 编程思想 ·················· 22
　　　2.2.1　声明式编程 ··················· 22
　　　2.2.2　可组合函数 ··················· 22
　　　2.2.3　重组 ····························· 23
　2.3　智能重组 ································ 24
　　　2.3.1　控件按任何顺序运行 ······· 24

　　　2.3.2　控件并行运行 ················ 24
　　　2.3.3　重组会跳过尽可能多的内容 ··· 26
　　　2.3.4　重组是乐观的操作 ·········· 26
　2.4　Compose 状态 ························ 27
　　　2.4.1　Compose 中的状态 ········· 27
　　　2.4.2　ViewModel 和状态 ········· 29
　　　2.4.3　使用其他类型的状态 ······· 30
　2.5　Compose 生命周期 ·················· 31
　　　2.5.1　可组合项的生命周期 ······· 31
　　　2.5.2　状态和效应用例 ············· 32
　　　2.5.3　重启效应 ······················ 34
　2.6　小结 ····································· 35

第3章　使用 Compose 的简单控件 ··· 36
　3.1　Compose 中的主题 ·················· 36
　　　3.1.1　主题设置 ······················ 36
　　　3.1.2　颜色设置 ······················ 37
　　　3.1.3　字体设置 ······················ 40
　　　3.1.4　形状设置 ······················ 42
　3.2　Compose 中的"TextView" ········ 43
　　　3.2.1　显示文字 ······················ 43
　　　3.2.2　设置文字样式 ················ 46
　　　3.2.3　设置文字选择 ················ 58
　3.3　Compose 中的"EditText" ········ 61
　　　3.3.1　输入和修改文字 ············· 61
　　　3.3.2　显示样式 ······················ 64
　　　3.3.3　键盘选项 ······················ 66

3.4 Compose 中的"Button" ··········· 71
    3.4.1 创建 Button ··········· 72
    3.4.2 Button 源码解析 ··········· 72
3.5 Compose 中的"ImageView" ··········· 77
    3.5.1 简单显示 ··········· 77
    3.5.2 设置图片样式 ··········· 79
    3.5.3 显示网络图片 ··········· 82
3.6 Compose 中的"ProgressBar" ··········· 84
    3.6.1 使用圆形进度条 ··········· 84
    3.6.2 使用条形进度条 ··········· 87
3.7 小结 ··········· 90

第 4 章 了解 Compose 的布局 ··········· 91

4.1 竖向线性布局——Column ··········· 91
    4.1.1 Android View 中的竖向线性布局 ··········· 92
    4.1.2 Compose 中的竖向线性布局 ··· 93
    4.1.3 Column 源码解析 ··········· 94
4.2 横向线性布局——Row ··········· 99
    4.2.1 简单上手 ··········· 100
    4.2.2 Row 源码解析 ··········· 101
4.3 帧布局——Box ··········· 102
    4.3.1 Box 源码解析 ··········· 102
    4.3.2 Box 简单上手 ··········· 103
4.4 修饰符——Modifier ··········· 105
    4.4.1 内边距 padding ··········· 105
    4.4.2 设置控件的尺寸 ··········· 107
    4.4.3 Row 和 Column 中的 weight 修饰符 ··········· 108
    4.4.4 给控件添加点击事件 ··········· 109
    4.4.5 给控件添加圆角 ··········· 109
4.5 脚手架——Scaffold ··········· 111
    4.5.1 简单了解 Scaffold ··········· 111
    4.5.2 Scaffold 抽屉实现 ··········· 113

4.6 约束布局——ConstraintLayout ··· 114
4.7 小结 ··········· 116

第 5 章 尝试 Compose 的复杂控件 ··········· 117

5.1 竖向列表 LazyColumn ··········· 117
    5.1.1 简单使用 ··········· 117
    5.1.2 LazyListScope ··········· 119
    5.1.3 使用多 Type ··········· 122
    5.1.4 黏性标题 ··········· 124
    5.1.5 回到顶部 ··········· 128
5.2 横向列表 LazyRow ··········· 129
    5.2.1 简单使用 ··········· 129
    5.2.2 LazyRow 源码解析 ··········· 129
    5.2.3 使用项键 Key ··········· 130
5.3 网格列表 LazyVerticalGrid ··········· 131
    5.3.1 简单使用 ··········· 131
    5.3.2 LazyVerticalGrid 源码解析 ··········· 132
5.4 底部导航栏 ··········· 136
    5.4.1 简单使用 ··········· 136
    5.4.2 BottomNavigation 源码解析 ··········· 138
5.5 小结 ··········· 140

第 6 章 尝试 Compose 的自定义 View ··········· 141

6.1 简单认识 Compose 中的 Canvas ··· 141
    6.1.1 Android View 中的 Canvas ··· 141
    6.1.2 Compose 中的 Canvas ··········· 142
6.2 使用 Canvas 绘制点 ··········· 143
    6.2.1 绘制点必须填写的参数 ··········· 143
    6.2.2 绘制点可选的参数 ··········· 146
    6.2.3 使用 Brush 绘制渐变 ··········· 149
6.3 使用 Canvas 绘制线和矩形 ··········· 153
    6.3.1 绘制线 ··········· 153

|　　6.3.2　绘制矩形 ·················· 155

|　　6.3.3　绘制圆角矩形 ············ 158

6.4　使用 Canvas 绘制圆及椭圆 ······ 159

|　　6.4.1　绘制圆 ······················ 160

|　　6.4.2　绘制椭圆 ·················· 161

6.5　使用 Canvas 绘制圆弧、图片及
路径 ·· 163

|　　6.5.1　绘制圆弧 ·················· 163

|　　6.5.2　绘制图片 ·················· 166

|　　6.5.3　绘制路径 ·················· 168

6.6　使用混合模式 ························ 172

|　　6.6.1　Android View 中的混合
模式 ··································· 172

|　　6.6.2　Compose 中的混合模式 ····· 173

6.7　小结 ··· 175

第 7 章　动画的点点滴滴 ············ 176

7.1　简单使用动画 ························ 176

|　　7.1.1　可见性动画 ··············· 176

|　　7.1.2　布局大小动画 ············ 181

|　　7.1.3　布局切换动画 ············ 183

7.2　低级别动画 ····························· 185

|　　7.2.1　属性动画 ··················· 185

|　　7.2.2　帧动画 ······················ 187

|　　7.2.3　多动画同步 ··············· 188

|　　7.2.4　多动画重复 ··············· 191

7.3　自定义动画 ····························· 192

|　　7.3.1　动画规格——
AnimationSpec ··················· 192

|　　7.3.2　矢量动画——
AnimationVector ················ 195

7.4　手势 ··· 196

|　　7.4.1　点击事件 ··················· 196

|　　7.4.2　滚动事件 ··················· 198

|　　7.4.3　嵌套滚动 ··················· 200

|　　7.4.4　拖动事件 ··················· 202

|　　7.4.5　滑动事件 ··················· 204

7.5　小结 ··· 206

第 8 章　和其他 Jetpack 库搭配使用 ···· 207

8.1　使用 ViewModel ······················ 207

|　　8.1.1　ViewModel 的简单使用 ······ 207

|　　8.1.2　在 Compose 中使用
ViewModel ························· 211

|　　8.1.3　Compose 中 ViewModel
的进阶使用 ······················· 213

8.2　使用数据流 ····························· 216

|　　8.2.1　Flow 的使用 ··············· 216

|　　8.2.2　RxJava 的使用 ············ 217

8.3　使用 Navigation 实现页面跳转 ······ 218

|　　8.3.1　简单使用 ··················· 218

|　　8.3.2　传递单个参数 ············ 221

|　　8.3.3　传递多个参数 ············ 223

|　　8.3.4　解析参数类型 ············ 225

|　　8.3.5　添加可选参数 ············ 227

|　　8.3.6　添加实体类参数 ········ 229

8.4　使用 Jetpack 中的其他库 ······· 231

|　　8.4.1　使用 Hilt 进行依赖注入 ····· 231

|　　8.4.2　使用 Paging 进行列表加载 ···· 232

8.5　小结 ··· 234

第 9 章　和老代码搭配使用 ········ 235

9.1　在 Compose 中使用 Android View ···· 235

|　　9.1.1　简单控件的使用 ········ 235

|　　9.1.2　复杂控件的使用 ········ 237

|　　9.1.3　嵌入 XML 布局 ········· 240

9.2　在 Android View 中使用 Compose ···· 243

|　　9.2.1　在代码中使用 ············ 243

9.2.2 在布局中使用 ………………… 246
9.3 Compose 与现有页面集成 ……… 248
  9.3.1 创建 Android View 和 Compose 中通用的控件 ……… 248
  9.3.2 Compose 中的屏幕适配 ……… 251
9.4 小结 ……………………………… 254

第10章 Compose 实战——玩 Android …………………… 255

10.1 搭建项目框架 …………………… 255
  10.1.1 创建项目 …………………… 255
  10.1.2 搭建项目架构 ……………… 257
  10.1.3 使用 Navigation 处理页面跳转 ………………………… 258
  10.1.4 使用 BottomNavigation 创建主页框架 ……………… 260
10.2 实现项目首页 …………………… 262
  10.2.1 实现首页逻辑层 …………… 263
  10.2.2 实现首页 UI 层 …………… 269
10.3 实现项目页面 …………………… 277
  10.3.1 实现项目页面的逻辑层 …… 278
  10.3.2 实现项目页面的 UI 层 …… 281
10.4 实现其他页面 …………………… 284
  10.4.1 实现文章详情页面 ………… 284
  10.4.2 实现我的页面 ……………… 287
10.5 小结 …………………………… 290

第 1 章

先做好准备工作

新技术的发展可谓日新月异，Android 开发同样如此，新技术层出不穷。Compose 是 Android 全新的 UI 框架，而且相对于之前的 Android View 来说简直是翻天覆地的变化。

本章将简单介绍 Compose，并和大家一起搭建 Compose 的开发环境，然后温习在 Compose 中会用到的 Kotlin 的一些知识。我们开始吧！

1.1 Compose 简介

从 2019 年 5 月 Google 在 I/O 大会上公布 Compose，到 2020 年 9 月发布第一个 Alpha 版本，再到 2021 年 2 月发布第一个 Beta 版本，间隔了近两年，那么 Compose 是一个什么样的库，需要这么长的开发周期呢？别着急，下面慢慢道来。

Compose 是一个现代化的 UI 工具包，旨在帮助开发者通过原生平台 API 简单快捷地在全 Android 平台上构建精美的应用程序，它能大幅减少代码量并且包含交互式工具，还能使用直观的 Kotlin API，为应用程序增添活力。

Compose 使用的编程模型与 Android 现有的构建 UI 的模型完全不同。从历史上看，Android 的视图层次结构一直被描述为 UI 组件树。随着应用程序状态的变化，需要更新 UI 层次结构来显示当前数据。更新 UI 最常用的方式是使用像 `findViewById` 这样的方法遍历 UI 组件树，并通过调用类似下面这些方法来改变节点：

```
tv.setText(String)
container.addView(View)
img.setImageBitmap(Bitmap)
```

这些方法会改变组件的内部状态。这不仅乏味烦琐，而且手动更新视图会增大出错的概率（例如忘记更新视图）。Compose 是一种完全基于声明式组件的方法，这意味着需要将 UI 描述为将数据转换为 UI 层次结构的函数。当基础数据发生变化时，Compose 框架会自动更新 UI 层次结构，从而可以轻松快速地构建 UI。

Compose 的优点简直数不胜数，大家肯定迫不及待地想要尝试一下了！别着急，在体验之前还需要做一些准备工作。

1.2 搭建开发环境

开发 Compose 要求 Android Studio 的版本在 4.3 及以上，而目前 Android Studio 最新的正式版本为 4.2.2，所以我们需要使用 Preview 版本的 Android Studio。如果读者在阅读本书时 Android Studio 稳定版本已经在 4.3 及以上，直接使用稳定版本的 Android Studio 即可。接下来我们一起搭建 Compose 的开发环境吧！

1.2.1 在 Windows 上搭建开发环境

鉴于目前大多数开发者使用 Windows 操作系统，所以首先介绍如何在 Windows 中安装 Preview 版本的 Android Studio。进入 Android Studio 官网，页面如图 1-1 所示。

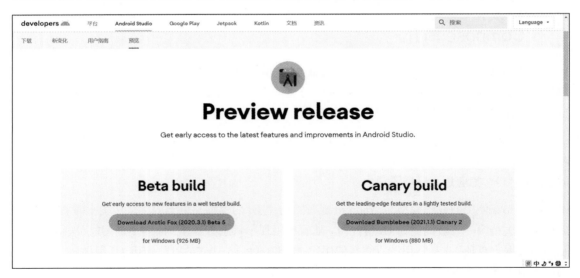

图 1-1　下载 Android Studio

点击左边"Beta build"下的下载按钮，会弹出如图 1-2 所示的对话框。

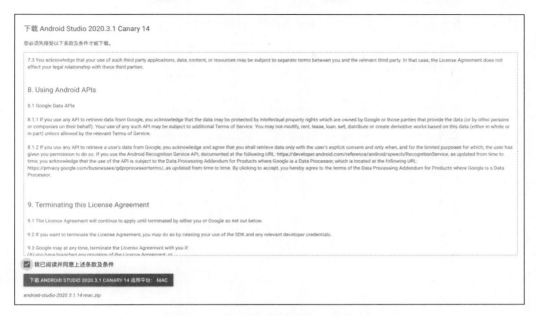

图 1-2　下载 Android Studio 的对话框

需要勾选同意条款并点击下载按钮。之后需要做的就是等待下载了。这里无须选择下载版本（Windows 或 Mac），Google 会判断你当前的系统并帮你下载适合的 Android Studio 版本。下载完成之后，选择在文件夹中打开，你会发现下载的是一个 zip 压缩包，直接进行解压。解压后如图 1-3 所示。

图 1-3　Android Studio zip 包解压

然后直接进入解压好的文件夹中的 bin 文件夹，如图 1-4 所示。

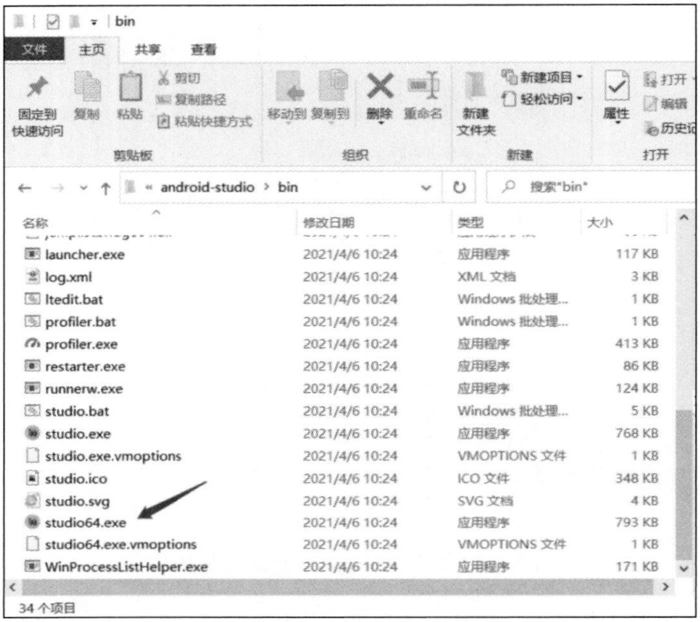

图 1-4　Android Studio bin 文件夹

接着双击图 1-4 中箭头所指的 studio64.exe 文件，会出现如图 1-5 所示的对话框。

图 1-5　安装 Android Studio

如果需要导入配置文件，可以选择第一项。这里我们直接选择不导入，之后点击"OK"按钮，然后就出现了熟悉的画面，如图 1-6 所示。

图 1-6　Android Studio

等待几十秒后，会弹出如图 1-7 所示的对话框。

图 1-7　Android Studio 设置代理

这个对话框提醒你这是第一次运行 Android Studio，当前无法访问 Android SDK 附加组件列表，询问你是否设置代理，如果需要，则点击"Setup Proxy"按钮。这里我们不需要设置代理，所以点击"Cancel"按钮。点击之后就进入了熟悉的欢迎页面，如图 1-8 所示。

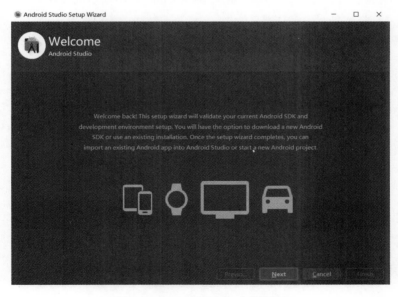

图 1-8　Android Studio 欢迎页面

下面就简单了,直接点击"Next"按钮,此时会出现如图 1-9 所示的页面。

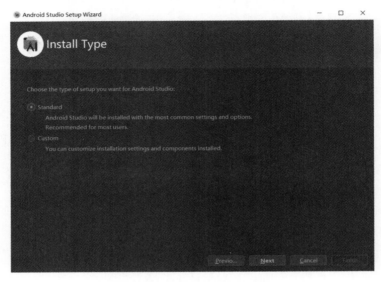

图 1-9 Android Studio 选择设置方式

在这个页面中,选择你想要的设置类型,默认的是"Standard",它将帮助你安装一些预定的设置和选项。当然,也可以选择下面的"Custom"单选按钮进行自定义。这里我们选择"Standard"单选按钮,然后继续点击"Next"按钮,此时会出现如图 1-10 所示的页面。

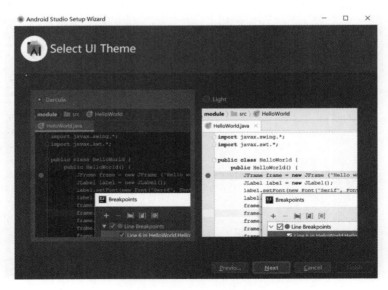

图 1-10 选择 UI 主题

这个页面是选择 Android 的 UI 主题，这就看大家的喜好了，我个人比较喜欢深色主题，所以就不改动了。继续点击"Next"按钮，此时会出现如图 1-11 所示的页面。

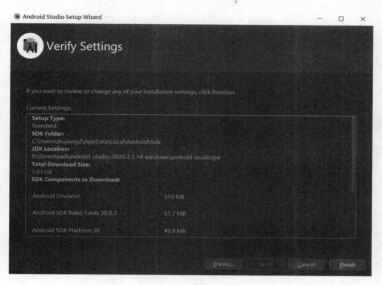

图 1-11　下载 SDK

这个页面提醒我们需要下载一些相关文件，比如模拟器、SDK 等。直接点击"Finish"按钮，Android Studio 会开始下载这些文件，如图 1-12 所示。

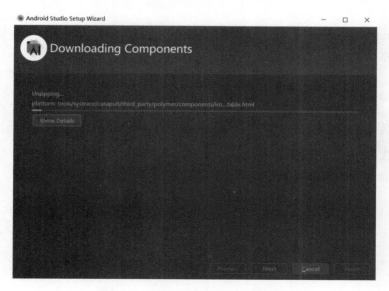

图 1-12　Android Studio 下载模拟器

下载完成之后，点击"Finish"按钮就可以进入 Android Studio 的首页了，如图 1-13 所示。

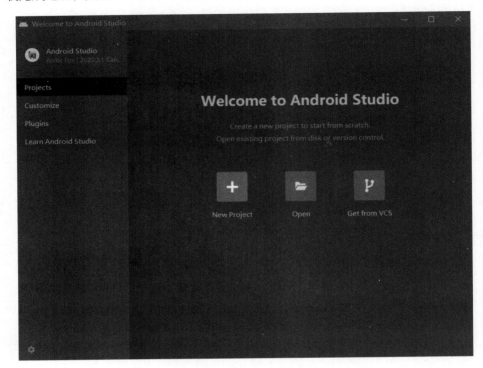

图 1-13　Android Studio 首页

至此，Windows Canary 版本的 Android Studio 就下载并安装完成了，下一节将带大家安装 Mac Canary 版本的 Android Studio。

1.2.2　在 macOS 上搭建开发环境

上一节带大家在 Windows 上搭建了 Compose 的开发环境，本节会带大家搭建 macOS 版本 Android Studio 的开发环境，赶快开始吧！

下载地址和 Windows 的一样，直接进入下载页面之后如图 1-14 所示。

图 1-14 下载 Mac 版 Android Studio

如前所述，Google 会判断你当前的系统并帮你下载适合的 Android Studio 版本，刚才下载页面中显示的是 for Windows，这里就是 for Mac 了。这里同样下载 Canary 版本的 Android Studio，点击下载按钮也会弹出如图 1-2 所示的对话框。之后的操作这里就不赘述了，下载完成之后双击打开，接着选择下一步即可，和刚才在 Windows 中安装 Android Studio 的步骤一模一样。

1.2.3　将 Compose 添加到现有项目

如果想在现有项目中使用 Compose，就需要为项目配置所需的设置和依赖项。

首先，需要配置 Kotlin 开发环境，Compose 要求 Kotlin 的版本为 1.4.30 或更高：

```
classpath "org.jetbrains.kotlin:kotlin-gradle-plugin:1.5.20"
```

然后需要配置 Gradle，需要将应用程序的最低 API 级别设置为 21 或更高级别，并在应用程序的 build.gradle 文件中启用 Compose。另外，还要设置 Kotlin 编译器插件的版本。配置代码如下所示：

```
android {
    defaultConfig {
        applicationId "com.zj.five"
        minSdk 21
        ......
    }
    ......
```

```
compileOptions {
    sourceCompatibility JavaVersion.VERSION_1_8
    targetCompatibility JavaVersion.VERSION_1_8
}
kotlinOptions {
    jvmTarget = '1.8'
    useIR = true
}
buildFeatures {
    compose true   // 打开 Compose 的开关
}
composeOptions {
    // 设置 Kotlin 编译器插件版本
    kotlinCompilerExtensionVersion compose_version
    kotlinCompilerVersion '1.5.20'
}
}
```

最后，还需要添加 Compose 的依赖：

```
dependencies {
    implementation 'androidx.compose.ui:ui:1.0.0'
    // UI 工具包
    implementation 'androidx.compose.ui:ui-tooling:1.0.0'
    // 基础（边框、背景、框、图片、滚动、形状、动画等）
    implementation 'androidx.compose.foundation:foundation:1.0.0'
    // Material Design
    implementation 'androidx.compose.material:material:1.0.0'
    // Material Design 的图标
    implementation 'androidx.compose.material:material-icons-core:1.0.0'
    implementation 'androidx.compose.material:material-icons-extended:1.0.0'
    // 与 activity 结合使用
    implementation 'androidx.activity:activity-compose:1.3.0'
    // 与 viewModel 结合使用
    implementation 'androidx.lifecycle:lifecycle-viewmodel-compose:1.0.0'
    // 与 LiveData 和 RxJava2 结合使用
    implementation 'androidx.compose.runtime:runtime-livedata:1.0.0'
    implementation 'androidx.compose.runtime:runtime-rxjava2:1.0.0'

    // UI 测试
    androidTestImplementation 'androidx.compose.ui:ui-test-junit4:1.0.0'
}
```

上面列出的依赖不必全部添加，大家可以根据项目的需要选择性添加。

1.3 温习 Kotlin

Compose 是基于 Kotlin 构建的，所以学习 Compose 之前需要温习 Kotlin 的一些知识。

1.3.1 默认参数

在编写 Kotlin 的时候，可以在类的构造方法或者普通方法中使用默认参数，以此减少大量重载方法。举个例子：

```kotlin
class DefaultParam {
    companion object {
        private const val TAG = "DefaultParam"
    }

    fun test() {
        test1(0)
        Test(b = "")
    }

    fun test1(a: Int, b: String = "") {
        Log.e(TAG, "test1: a:$a    b:$b")
    }
}

data class Test(val a: Int = 0, val b: String)
```

上面的代码构建了一个 Test 类，构造方法中接收两个参数，第一个有默认值，第二个没有，所以调用的时候就可以不写第一个参数。DefaultParam 类中还有一个 test1 的方法，也接收两个参数，不同的是，第一个参数没有默认值，也就是必须设置，而第二个参数有默认值。

这两种调用的区别在于：如果第一个参数没有默认值，可以省略命名参数，反之则不能省略命名参数。如果一次性将所有参数都传入而不使用参数默认值，也可省略命名参数。使用命名参数可以使代码更具描述性。

默认参数在 Compose 中使用得非常广泛，基本每一个控件都会用到，因此大家需要掌握 Kotlin 的默认参数。

1.3.2 高阶函数

自从开始学习 Kotlin，就一直听到"高阶函数"这个词，其实它并不难，能接收其他函数作为参数的函数就是高阶函数。一个简单的高阶函数如下所示：

```kotlin
class HigherFunctions {

    companion object {
        private const val TAG = "HigherFunctions"
    }

    fun test() {
        high({
            Log.e(TAG, "test: string: $it")
```

```
        }, "test")
    }
    fun high(one: (String) -> Unit, string: String) {
        // 或者使用 one.invoke 进行调用
        one(string)
    }
}
```

上面示例代码中的 `high` 就是一个高阶函数，因为它接收其他函数作为参数。使用高阶函数时，既可以直接传入 lambda 表达式，也可以传入方法。

在 Compose 中很多地方用到了尾随 lambda 表达式。尾随 lambda 表达式是 Kotlin 提供的一种特殊语法，在调用最后一个参数为 lambda 的高阶函数时，可以将 lambda 表达式放在圆括号后面，而不是将其放在圆括号内。来看一个例子：

```
fun test2() {
    high2 {
        Log.e(TAG, "test: string: $it")
    }
}

fun high2(two: () -> Unit) {
    two()
}
```

上面代码中的 `high2` 是一个高阶函数，因为它只有一个参数，其参数类型还是一个函数，所以可以使用尾随 lambda 来进行调用，省略了圆括号。

1.3.3 解构数据类

数据类在 Kotlin 中很常见，前面的例子中也用到了数据类。当我们定义了数据类，想使用它来访问数据的时候，就可以使用解构声明了。比如想要访问前面定义的 `Test` 数据类中的参数，可以这么写：

```
fun testData(){
    val test = Test(a = 10, b = "Zhujiang")
    val (a, b) = test
    Log.e(TAG, "testData: a=$a")
    Log.e(TAG, "testData: b=$b")
}
```

解构声明使用起来非常方便，大家以后在 Compose 的编写过程中如需使用数据类，就可以使用解构声明来获取数据。

1.4 小结

俗话说得好，工欲善其事，必先利其器！开发之前一定要先把开发环境搭建好。第 1 章带领大家搭建好了 Compose 的开发环境，还简单介绍了 Compose。说了这么多，相信大家已经迫不及待地想要上手体验 Compose 了，别着急，下一章就带大家来体验。

第 2 章

开启 Compose 旅程

在第 1 章中，我们搭建好了 Compose 的开发环境，并温习了 Compose 中会用到的 Kotlin 的知识，本章将带大家开启 Compose 的旅程。

本章主要内容有：

- 创建并分析第一个 Compose 应用程序；
- 了解 Compose 的编程思想；
- 学习 Compose 的智能重组；
- 使用 Compose 的状态；
- 学习 Compose 的生命周期。

本章内容可能会有些晦涩难懂，因为讲的基本是 Compose 的纯理论，但不要害怕，我会尽可能讲解清楚。学会本章内容对之后章节的学习会有很大帮助，马上开始学习吧！

2.1 创建第一个 Compose 应用程序

不管学习哪一种开发语言，基本都会先用程序输出 Hello World，本节就带大家创建第一个 Compose 应用程序。需要注意的是，Android Studio 必须是最新的 Canary 版本才可以。

2.1.1 创建 Hello World

首先打开已经下载好的 Canary 版本的 Android Studio，点击如图 2-1 所示的 "New Project" 按钮。

2.1 创建第一个 Compose 应用程序　　15

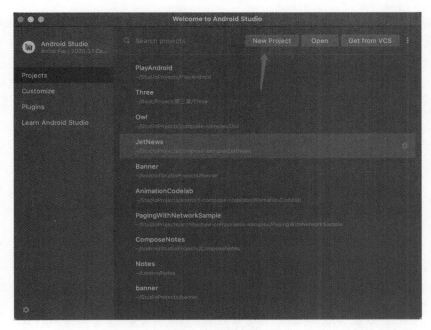

图 2-1　新建项目

此时会出现如图 2-2 所示的页面。

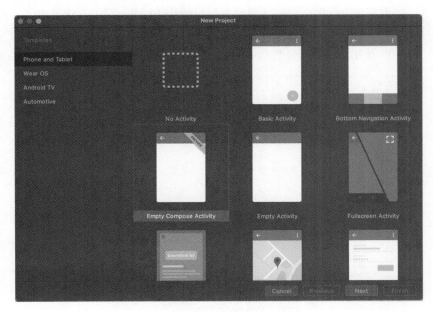

图 2-2　新建 Compose 项目

这里需要注意的是，Android Studio 默认选择"Empty Activity"，而我们需要选择"Empty Compose Activity"，然后点击"Next"按钮，此时会出现如图 2-3 所示的页面。

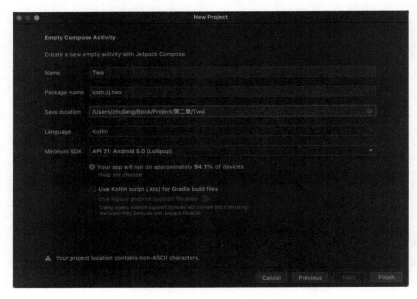

图 2-3　新建 Compose 项目配置

在图 2-3 中，大家可以按照自己的需要设置项目的相关配置。图 2-3 中有警告，提醒我们项目路径中有中文字符。大家创建项目的时候一定要注意，路径中尽量不要包含中文字符。好了，接下来点击"Finish"按钮，此时第一个 Compose 应用程序就创建成功了。项目详情如图 2-4 所示。

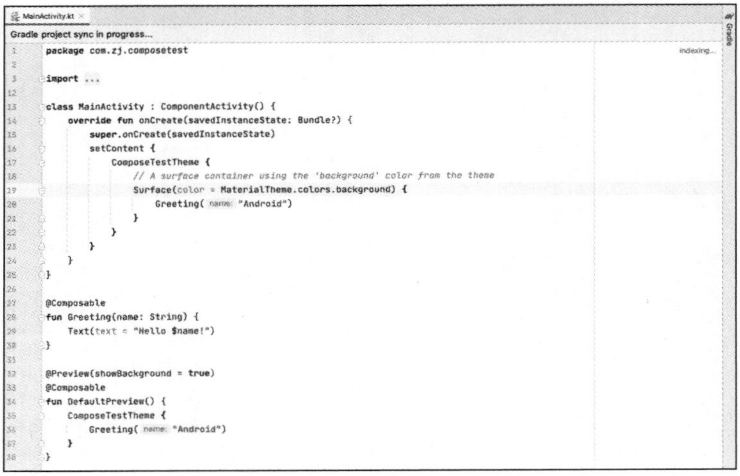

图 2-4　Compose 项目详情

好了，现在项目就创建完成了。

2.1.2 运行项目

项目创建完成后，直接运行看看效果，如图 2-5 所示。

图 2-5　Hello Android

好像哪里有点儿不对啊！上面说的是 Hello World，运行出来的却是 Hello Android。稍微修改一下再运行。先来看看项目的代码：

```
class MainActivity : ComponentActivity() {
    override fun onCreate(savedInstanceState: Bundle?) {
        super.onCreate(savedInstanceState)
        setContent {
            TwoTheme {
                // 使用主题的"背景"颜色的表面容器
                Surface(color = MaterialTheme.colors.background) {
                    Greeting("Android")
                }
            }
        }
    }
}
```

```
@Composable
fun Greeting(name: String) {
    Text(text = "Hello $name!")
}
```

上面的代码是直接创建 Compose 项目后自动生成的。可以看到，搜索 Android 字符串，会发现它在 onCreate 方法中。将 Android 修改成 World，之后再次运行，效果将如图 2-6 所示。

图 2-6　Hello World

可以看到，此时页面中已经显示为 Hello World 了。

2.1.3　分析第一个 Compose 应用程序

在上一节中我们将 Hello Android 修改为了 Hello World，本节将带领大家详细看看第一个 Compose 应用程序的代码：

```
class MainActivity : ComponentActivity() {
    override fun onCreate(savedInstanceState: Bundle?) {
        super.onCreate(savedInstanceState)
        setContent {
            TwoTheme {
                // 使用主题的"背景"颜色的表面容器
```

```
                Surface(color = MaterialTheme.colors.background) {
                    Greeting("World") // 将 Android 修改为 World
                }
            }
        }
    }
}

@Composable
fun Greeting(name: String) {
    Text(text = "Hello $name!")
}
```

可以看到，Compose 的入口还是 Activity，但和之前不同的是，onCreate 方法中的 setContentView 方法不见了，取而代之的是 setContent。那么怎么显示布局呢？我们点进 setContent 的源码，看看到底施了什么"魔法"：

```
public fun ComponentActivity.setContent(
    parent: CompositionContext? = null,
    content: @Composable () -> Unit
) {
    val existingComposeView = window.decorView
        .findViewById<ViewGroup>(android.R.id.content)
        .getChildAt(0) as? ComposeView

    if (existingComposeView != null) with(existingComposeView) {
        setParentCompositionContext(parent)
        setContent(content)
    } else ComposeView(this).apply {
        setParentCompositionContext(parent)
        setContent(content)
        setContentView(this, DefaultActivityContentLayoutParams)
    }
}
```

首先这是 ComponentActivity 的一个扩展方法，而上面自动生成的 MainActivity 也继承自 ComponentActivity。下面通过 Activity 中 window 的 decorView 来找到根布局，再获取根布局的第 0 个子布局并将其强制转化为 ComposeView。但现在我们并没有设置，所以 existingComposeView 肯定为 null，于是会走 else 分支，即创建一个新的 ComposeView，然后在 setContentView 之前设置内容和父项，以使 ComposeView 创建合成，最后就走到了我们熟知的 setContentView。在 setContent 方法中，第一个参数为 Compose 中的父控件，用于调度（默认为空），第二个参数是一个含有 Composable lambda 参数的 Composable 函数。

接着看上面的代码，setContent 中包裹着 TwoTheme，它是 Compose 中自己定义的主题。TwoTheme 中包裹着 Surface 并指定了页面的背景颜色，Surface 中包裹的 Greeting 就是显示在页面上的控件，即上面展示 Hello World 的控件。

仔细观察 Greeting，我们发现它原来是一个方法，也叫"可组合函数"，因为这是在 Compose

中可以使用的控件。使用 Compose 控件需要注意以下几点。

- 此函数带有 `@Composable` 注释。所有可组合函数都必须带有此注释。此注释可告知 Compose 编译器：此函数旨在将数据转换为界面。
- 可组合函数可以接收参数，这些参数可让应用程序逻辑描述界面，比如在上面的例子中接收的参数为 `String` 类型的，它就直接显示在了界面中。
- 可组合函数没有返回值，发出界面的 Compose 函数不需要返回任何内容，因为它们描述的是所需的屏幕状态，而不是构造界面微件。
- 可组合函数在描述界面的时候没有任何副作用，比如修改属性或全局变量等。

2.1.4 使用 Preview

上一节介绍了 Compose，但可能有人会有疑问：之前在 Android View 中使用 XML 写完布局就可以直接看到效果，在 Compose 中难道需要每次都运行才能看到效果吗？

答案当然是"不需要"，Google 早就为我们想到了，如下所示：

```
@Preview(showBackground = true)
@Composable
fun DefaultPreview() {
    Greeting("World")
}
```

就这么简单，只需要新建一个 Compose 方法，然后加上 `Composable` 和 `Preview` 的注解，再在里面放上目标控件即可，效果如图 2-7 所示。

图 2-7　预览

2.1 创建第一个 Compose 应用程序

如果修改代码之后预览没有及时刷新，直接点击图 2-7 中箭头所指的按钮即可刷新。

Preview 的使用方法有很多，下面看看它的代码：

```
annotation class Preview(
    val name: String = "",    // 名字
    val group: String = "",    // 分组
    @IntRange(from = 1) val apiLevel: Int = -1,    // API 的等级
    val widthDp: Int = -1,    // 宽度
    val heightDp: Int = -1,    // 高度
    val locale: String = "",    // 语言设定
    @FloatRange(from = 0.01) val fontScale: Float = 1f, // 字体缩放比
    val showSystemUi: Boolean = false,    // 是否显示设备的状态栏和操作栏
    val showBackground: Boolean = false, // 是否显示背景
    val backgroundColor: Long = 0,    // 背景颜色设置
    @UiMode val uiMode: Int = 0, // UI 模式，比如深色模式
    @Device val device: String = Devices.DEFAULT    // 要在预览中使用的设备
)
```

使用时可以根据自己的需要设置不同的参数，这里测试一下宽和高：

```
@Preview(name = "测试", widthDp = 100, heightDp = 200, showBackground = true)
@Composable
fun DefaultPreview() {
    Greeting("Zhujiang")
}
```

除了设置宽和高，还加了个名字，效果如图 2-8 所示。

图 2-8　预览测试

可以看到，名字出现在界面上，宽和高也都生效了。由于篇幅所限，这里就不一一展示了。大家可以在计算机上试试每个参数，使用时根据自己的需要设置不同的参数。

2.2 Compose 编程思想

在上一节中，我们创建并分析了第一个 Compose 应用程序。有人可能还是一头雾水，别担心，本节就来好好聊聊 Compose 的编程思想。

2.2.1 声明式编程

第 1 章介绍 Compose 时提到过声明式编程这个概念，下面详细聊一聊。

长期以来，Android 视图层次结构一直可以表示为界面控件树。由于应用程序的状态会因用户交互等因素而发生变化，因此界面层次结构需要更新以显示当前数据。最常见的界面更新方式是使用 `findViewById` 等函数遍历控件树，并通过调用控件的一些方法来更改控件的一些状态，例如下面这些方法：

```
button.setText(String)
container.addChild(View)
img.setImageBitmap(Bitmap)
```

有印象吗？这部分内容其实在 1.1 节中已经介绍过，这里重提是怕大家忘了或者理解不深刻，因为这是 Compose 编程的核心思想。之前说到以前的这种方式容易出错，而 Compose 会自动更新 UI 层次结构，那么究竟是为什么呢？或者说到底有什么"魔法"使得 Compose 可以自动更新 UI 层次结构呢？别着急，下面慢慢揭晓。

2.2.2 可组合函数

没错，上面所说的"魔法"其实就是可组合函数，比如前面写的第一个 Compose 应用程序里面的 `Greeting` 就是一个可组合函数。可通过定义一组接收数据并发出界面元素的可组合函数来构建界面。

看个简单的例子：

```
@Composable
fun Greeting(name: String, isShowName: Boolean) {
    val showName = if (isShowName) "显示名字" else "不显示"
    Text(text = "Hello $name!  $showName")
}
```

可以看到，可组合函数中不止可以写页面，也可以将展示页面的逻辑写好。上面的例子中除了接收 `name`，还接收了一个 `Boolean` 类型的值，用于判断是否显示名字。

可以想见，这样写可组合函数的话，代码可以省很多事，而且不需要在页面中再写一遍赋值操作，从而减少了出错的可能性。

上一节中我们学习了 Preview，这里可以试验一下：

```
@Preview(name = "测试", widthDp = 100, heightDp = 200, showBackground = true)
@Composable
fun DefaultPreview() {
    Greeting("Zhujiang", false)  // 添加方法参数
}
```

上面的代码只加了 Greeting 的参数。写完之后预览页面，效果如图 2-9 所示。

图 2-9　预览添加名字

所以，如果想修改显示，只需修改可组合函数的参数即可，这就是可组合函数。

2.2.3　重组

在 Android View 中，如果想修改某个控件，需要调用控件的方法。而在 Compose 中，可以使用新数据再次调用可组合函数，这样做会导致函数进行重组。那到底什么是重组呢？重组就是系统根据需要使用新数据重新绘制的函数来重新组合，而 Compose 可以智能地仅重组已更改的组件。

例如上一节的例子：

```
@Composable
fun Greeting(name: String, isShowName: Boolean) {
    val showName = if (isShowName) "显示名字" else "不显示"
    Text(text = "Hello $name!  $showName")
}
```

每次调用 Greeting 时，调用方都会更新 name 和 isShowName 的值。Compose 会再次调用 Text 函数以显示新值，这个过程就称为"重组"。不依赖 name 和 isShowName 的其他函数不会进行重组。

那么，Compose 是怎么实现智能重组的呢？当 Compose 根据新数据进行重组时，它仅调用可能已更改的函数或 lambda，而跳过其余函数或 lambda。通过跳过所有未更改参数的函数或 lambda，Compose 就可以高效地重组了。

重组是乐观的操作，可能会被取消。不过需要注意的是，可组合函数可能会像每一帧一样频繁地重新执行，例如在呈现动画时，可组合函数应快速执行，以免在播放动画期间出现卡顿。如果需要执行成本高昂的操作（例如从网络或数据库来读取数据），尽量在后台协程中执行，并将值结果作为参数传递给可组合函数。

重组就先说到这里，下一节会详细讲解 Compose 的智能重组。

2.3 智能重组

上一节提到了重组，但只是简单说了什么是重组，本节我们看看如何构建可组合函数以支持重组。在每种情况下，最佳做法都是使可组合函数保持快速、幂等且没有附带效应。

2.3.1 控件按任何顺序运行

大家可能会认为可组合函数会按照其出现的顺序运行，但其实未必如此。如果某个可组合函数包含对其他可组合函数的调用，这些函数可以按任何顺序运行。Compose 可以选择并识别出某些界面元素的优先级高于其他界面元素，因而首先绘制这些元素。

举个例子，假设如下代码用于在标签页布局中绘制 3 个屏幕：

```
@Composable
fun Bottom() {
    Navigations {
        OneScreen()
        TwoScreen()
        ThreeScreen()
    }
}
```

`OneScreen`、`TwoScreen` 和 `ThreeScreen` 的调用可以按任何顺序进行。所以，每个可组合函数都需要保持独立，不能依赖于别的可组合函数，不然可能会报错，比如 `TwoScreen` 依赖 `OneScreen` 中的某个值，但是有可能 `TwoScreen` 先执行，那这时就会报错，因为 `OneScreen` 还未执行，所以依赖的值也为空。

2.3.2 控件并行运行

Compose 可以通过并行运行可组合函数来优化重组。这样一来，Compose 就可以利用多个核心，并以较低的优先级运行可组合函数了（不在屏幕上）。

这种优化意味着，可组合函数可能会在后台线程池中执行。如果某个可组合函数对 ViewModel 调用一个函数，则 Compose 可能会同时从多个线程调用该函数。所以为了确保应用程序正常运行，所有可组合函数都不应有附带效应，而应通过始终在界面线程上执行的 onClick 等回调触发附带效应。

调用某个可组合函数时，调用可能发生在与调用方不同的线程上。这意味着，应避免使用修改可组合 lambda 中变量的代码，既因为此类代码并非线程安全代码，又因为它是可组合 lambda 不允许的附带效应。

以下示例展示了一个可组合项，它显示一个列表及其项数：

```
@Composable
fun ListComposable(myList: List<String>) {
    Row(horizontalArrangement = Arrangement.SpaceBetween) {
        Column {
            for (item in myList) {
                Text("Item: $item")
            }
        }
        Text("Count: ${myList.size}")
    }
}
```

此段代码没有附带效应，它会将输入列表转换为界面。此类代码非常适合显示较小的列表。不过，如果函数写入局部变量，则这并非线程安全或正确的代码：

```
@Composable
@Deprecated("Example with bug")
fun ListWithBug(myList: List<String>) {
    var items = 0

    Row(horizontalArrangement = Arrangement.SpaceBetween) {
        Column {
            for (item in myList) {
                Text("Item: $item")
                items++ // 注意避免列重组的副作用
            }
        }
        Text("Count: $items")
    }
}
```

在本例中，每次重组时都会修改 items。这可以是动画的每一帧，或是在列表更新时发生。但不管怎样，界面都会显示错误的项数。因此，Compose 不支持这样的写入操作。通过禁止此类写入操作，我们允许框架更改线程以执行可组合 lambda。

2.3.3 重组会跳过尽可能多的内容

如果界面的某些部分无效，Compose 会尽力只重组需要更新的部分。这意味着，它可以跳过某些内容以重新运行单个按钮的可组合项，而不执行在界面树上面或下面的任何可组合项。

每个可组合函数和 lambda 都可以自行重组。下面的例子演示了呈现列表的时候如何跳过某些元素：

```kotlin
@Composable
fun NamePicker(
    header: String,
    names: List<String>,
    onNameClicked: (String) -> Unit
) {
    Column {
        Text(header, style = MaterialTheme.typography.h5)
        Divider() // 分割线
        LazyColumn(modifier = Modifier.fillMaxSize()) {  // 类似于 RecyclerView，后续章节会讲
            items(names) { name ->
                NamePickerItem(name, onNameClicked)
            }
        }
    }
}

@Composable
private fun NamePickerItem(name: String, onClicked: (String) -> Unit) {
    Text(name, Modifier.clickable(onClick = { onClicked(name) }))
}
```

这些作用域中的每一个都可能是在重组期间执行的唯一作用域。当 header 发生更改时，Compose 可能会跳至 Column lambda，而不执行它的任何父项。此外，执行 Column 时，如果 names 未更改，Compose 可能会选择跳过 LazyColumn。

同样，执行所有可组合函数或 lambda 都应该没有附带效应。当需要附带效应时，应通过回调触发。

2.3.4 重组是乐观的操作

只要 Compose 认为某个可组合项的参数可能已更改，就会开始重组。重组是乐观的操作，也就是说，Compose 预计会在参数再次更改之前完成重组。如果某个参数在重组完成之前发生更改，Compose 可能会取消重组，并使用新参数重新开始。取消重组后，Compose 会从重组中舍弃界面树。如有任何附带效应依赖于显示的界面，则即使取消了重组操作，也会应用该附带效应。这可能会导致应用状态不一致。所以我们应该确保所有可组合函数和 lambda 都幂等且没有附带效应，以处理乐观的重组。

2.4 Compose 状态

上一节深入介绍了 Compose 编程思想，本节我们来了解 Compose 的状态。

Compose 的状态是什么呢？应用程序中的状态是指可以随时间变化的任何值。这个定义非常宽泛，比如网络中获取的值、数据库中的值，甚至是类中的变量都属于状态。

之前 Android 中常用的 MVP 架构在封装过程中经常会封装 LCE（Loading、Content、Error），旨在向用户展示应用程序的不同状态。

2.4.1 Compose 中的状态

先讲一个概念——组合。之前说过可组合函数，而组合用于描述界面，通过运行可组合项来生成，也是树的结构。

简单捋一下 Compose 的工作流程：在初始组合期间，Compose 跟踪为描述界面而调用的可组合项；当应用程序的状态发生变化时，Compose 会安排重组（上一节介绍过重组，这里不再赘述）；重组过程中会运行可能已更改的可组合项以响应状态变化，然后 Compose 会更新组合以反映所有更改。这就是 Compose 的工作流程。需要注意的是，组合只能通过初始组合生成且只能通过重组进行更新。修改组合的唯一方式是重组。

捋完了 Compose 的工作流程，再来看 Compose 的状态。先来看一个例子：

```
@Composable
fun TestState() {
    Column(modifier = Modifier.fillMaxSize()) {
        var index = 0
        Button(onClick = {
            index++
            Log.e("ZHUJIANG123", "TestState: $index")
        }) {
            Text("Add")
        }
        Text("$index", fontSize = 30.sp)
    }
}
```

代码很简单，就是想每次点击按钮时，数字增加并显示到 Text 上。大家猜一下上面的代码可以按照预期正常执行吗？答案是"不可以"，这是为什么呢？其实上面已经说了，修改组合的唯一方式是重组，但是上面的代码并不能触发 Compose 执行重组。那怎样才能触发 Compose 执行重组呢？答案就是本节要讲的东西——Compose 状态。

需要引入本地状态来保存应该显示的 index，使用 remember { mutableStateOf() } 传入 index 的默认值。这样一来，每当 index 的状态改变，Text 显示的值才发生变化。代码如下所示：

```kotlin
@Composable
fun TestState2() {
    Column(
        modifier = Modifier.fillMaxSize(),
        verticalArrangement = Arrangement.Center,
        horizontalAlignment = Alignment.CenterHorizontally,
    ) {
        val index = remember { mutableStateOf(0) }
        Button(onClick = {
            index.value++
            Log.e("ZHUJIANG123", "TestState: ${index.value}")
        }) {
            Text("Add")
        }
        Text("${index.value}", fontSize = 30.sp)
    }
}
```

可组合函数可以使用 remember 可组合项记住单个对象。系统会在初始组合期间将由 remember 计算的值存储在组合中，并在重组期间返回存储的值。remember 可以存储可变对象和不可变对象。mutableStateOf 会创建 MutableState，MutableState 是 Compose 中的可观察类型。在 MutableState 的值有任何更改的情况下，系统会安排重组读取此值的所有可组合函数，以实现重组。

remember 可以在重组后保持状态。如果在未使用 remember 的情况下使用 mutableStateOf，每次重组可组合项的时候，系统都会将状态重新初始化为默认值。这里需要注意的是，虽然 remember 可在重组后保持状态，但不会在配置更改后保持状态，比如旋转屏幕或者来电之后系统就会将状态重新初始化为默认值。所以这时使用 remember 就不行了，而需要使用 rememberSaveable。rememberSaveable 会自动保存可保存在 Bundle 中的任何值。对于其他值，可以经过序列化之后进行保存。rememberSaveable 类似于 Activity 中的 onSaveInstanceState 方法，其用法如下：

```kotlin
@Composable
fun TestState3() {
    Column(
        modifier = Modifier.fillMaxSize(),
        verticalArrangement = Arrangement.Center,
        horizontalAlignment = Alignment.CenterHorizontally,
    ) {
        val index = rememberSaveable { mutableStateOf(0) }
        Button(onClick = {
            index.value++
            Log.e("ZHUJIANG123", "TestState: ${index.value}")
        }) {
            Text("Add")
        }
        Text("${index.value}", fontSize = 30.sp)
    }
}
```

如果某个可组合项保持自己的状态（比如上述示例），就会变得难以重复使用和测试，同时该可组合项与其状态的存储方式也会紧密关联。应该将此可组合项改为无状态可组合项，即不保持任何状态的可组合项。

为此，可以使用**状态提升**。状态提升是一种编程模式，在该模式下，可以将可组合项的状态移至该可组合项的调用方。一种简单的方式是使用参数替换状态，同时使用 lambda 表示事件。接下来看看怎样提升上面示例代码的状态：

```
@Composable
fun TestState4(index: Int, onIndexChange: (Int) -> Unit) {
    Column(
        modifier = Modifier.fillMaxSize(),
        verticalArrangement = Arrangement.Center,
        horizontalAlignment = Alignment.CenterHorizontally,
    ) {
        Button(onClick = {
            onIndexChange(index + 1)
        }) {
            Text("Add")
        }
        Text("$index", fontSize = 30.sp)
    }
}

@Composable
fun TestState4() {
    val index = rememberSaveable { mutableStateOf(0) }
    TestState4(index.value) { index.value = it }
}
```

状态提升之后，代码更容易测试了，重复使用也变得简单了。其实不要把它想得多难，这就是方法的重载，方便调用而已。

2.4.2 ViewModel 和状态

在 Compose 中，可以使用 ViewModel 公开可观察存储器（如 LiveData 或 Flow）中的状态，还可以使用它处理影响相应状态的事件。上面例子中的 TestState 也可以使用 ViewModel 来实现，实现代码如下：

```
class TestViewModel : ViewModel() {

    private val _index = MutableLiveData(0)
    val index: LiveData<Int> = _index

    fun onIndexChange(newName: Int) {
        _index.value = newName
    }
}
```

```
@Composable
fun TestState5(testViewModel: TestViewModel = viewModel()) {
    val index by testViewModel.index.observeAsState(0) // 语法糖，很甜的
    TestState4(index) { testViewModel.onIndexChange(it) }
}

@Composable
fun TestState4(index: Int, onIndexChange: (Int) -> Unit) {
    Column(
        modifier = Modifier.fillMaxSize(),
        verticalArrangement = Arrangement.Center,
        horizontalAlignment = Alignment.CenterHorizontally,
    ) {
        Button(onClick = {
            onIndexChange(index + 1)
        }) {
            Text("Add")
        }
        Text("$index", fontSize = 30.sp)
    }
}
```

observeAsState 可观察 LiveData<T>并返回 State<T>对象，每当 LiveData 发生变化时，该对象都会更新。State<T>是 Compose 可以直接使用的可观察类型，前面提到的 MutableState 就是可变的 State。

只有 LiveData 在组合中时，observeAsState 才会观察它。上面的代码使用属性委托语法（by）隐式地将 State<T>视为 Compose 中类型 T 的对象。下面看看如果不使用语法糖，代码需要怎样写：

```
val index :State<Int> = testViewModel.index.observeAsState(0)
```

这样在使用的时候就需要通过 index.value 来获取值了。用不用语法糖都可以，看个人的编码习惯，我个人比较喜欢语法糖，很甜……

2.4.3 使用其他类型的状态

Compose 并不要求我们必须使用 MutableState<T>存储状态，它支持其他可观察类型，但是读取其他可观察类型之前，必须将其转换为 State<T>，以便 Compose 可以在可组合项状态发生变化时自动重组界面。

Compose 可以使用 LiveData、Flow、RxJava2 等可观察类型的数据，是不是很爽？之前使用的东西在 Compose 中都可以直接使用，相当于数据层都不需要修改，只需要修改 UI 和数据展示即可。

上面展示了 LiveDate 如何转成 State，这里就不展示了。下面看看 Flow 怎么转成 State：

```
val value: Int by flow.collectAsState(0)
```

是不是很简单？和 LiveData 转成 State 基本一样。接下来看看 RxJava2 怎么转成 State：

```
val completed by completable.subscribeAsState() // RxJava2
val value: String by flowable.subscribeAsState("initial")
val value: String by maybe.subscribeAsState("initial")
val value: String by observable.subscribeAsState("initial")
val value: String by single.subscribeAsState("initial")
```

Compose 为 RxJava2 提供了 5 个转换方法，大家可以根据实际需求来使用。

2.5　Compose 生命周期

上一节我们了解了 Compose 的状态，相信大家对 Compose 的整个运行流程已经了然于胸了，本节将带领大家了解 Compose 的生命周期。

2.5.1　可组合项的生命周期

按理说，可组合项应该没有附带效应，但是，如果转变应用程序状态时需要使用可组合项，应从能感知可组合项生命周期的受控环境中调用这些可组合项。上一节讲过，组合只能通过初始组合生成且只能通过重组进行更新，而重组是修改组合的唯一方式。

可组合项的生命周期非常简单，通过以下事件定义：进入组合，执行 0 次或多次重组，然后退出组合。

如果某一可组合项被调用多次，在组合中将放置多个实例。每次调用时，可组合项在组合中都有自己的生命周期。下面通过一个例子看一下可组合项的生命周期：

```
@Composable
fun MyComposable() {
    Column {
        Text("Hello")
        Text("World")
    }
}
```

代码很简单，Column（竖向线性布局，第 4 章会介绍）中包裹着两个 Text 控件，在组合中的表示如图 2-10 所示。

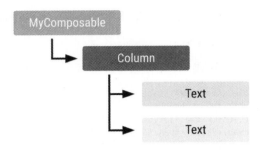

图 2-10　可组合项的生命周期

如果某一可组合项被调用多次,在组合中将放置多个实例。如果某一元素具有不同颜色,则表明它是一个独立实例。

2.5.2　状态和效应用例

之前讲过,可组合项应该没有附带效应。如果需要改变应用程序的状态,则应该使用 Effect API,以便以可预测的方式应用这些附带效应。这里的 Effect 是什么呢?其实就是本节标题中的"效应"。下面看看效应 API 有哪些,都有什么用。

1. 在某个可组合项的作用域中运行挂起函数

如果需要从可组合项内安全调用挂起函数,可以使用 LaunchedEffect 可组合项。当 LaunchedEffect 进入组合时,它会启动一个协程,并将代码块作为参数传递。如果 LaunchedEffect 退出组合,协程将取消。相关代码如下:

```
@Composable
fun EffectScreen(
    state: Result<String>,
    scaffoldState: ScaffoldState = rememberScaffoldState()
) {
    if (state.isFailure) {
        LaunchedEffect(scaffoldState) {
            scaffoldState.snackbarHostState.showSnackbar(
                message = "Error message",
                actionLabel = "Retry message"
            )
        }
    }

    Scaffold(scaffoldState = scaffoldState) {
        /* ... */
    }
}
```

在上面的代码中，如果 `state` 包含错误，则会触发协程；如果没有错误，则取消协程。由于 `LaunchedEffect` 调用点在 `if` 语句中，因此当该语句为 `false` 时，如果 `LaunchedEffect` 包含在组合中，则它会被移除，所以协程将被取消。

2. 获取组合感知作用域，在可组合项外启动协程

由于 `LaunchedEffect` 是可组合函数，因此只能在其他可组合函数中使用。为了在可组合项外启动协程，但其作用域已确定，以便协程在退出组合后自动取消，可以使用 `rememberCoroutineScope`。

另外，如果需要手动控制一个或多个协程的生命周期，也可以使用 `rememberCoroutineScope`，例如在用户事件发生时取消动画。`rememberCoroutineScope` 是一个可组合函数，会返回一个 `CoroutineScope`，该 `CoroutineScope` 绑定到调用它的组合点。调用退出组合后，作用域将取消。

3. 在值更改时不重启

当其中一个参数发生变化时，`LaunchedEffect` 就会重启。不过，在某些情况下，我们可能希望在效应中捕获某个值，但如果该值发生变化，不希望效应重启。为此，就可以使用 `rememberUpdatedState` 来创建对可捕获和更新的该值的引用。这种方法对于包含长期操作的效应十分有用，因为重新创建和重启这些操作可能代价高昂或令人望而却步。

为创建与调用点的生命周期相匹配的效应，可以使用永不发生变化的常量（如 `Unit` 或 `true`）作为参数传递。

4. 需要清理的效应

对于需要在键发生变化或可组合项退出组合后进行清理的附带效应，可以使用 `DisposableEffect`。如果 `DisposableEffect` 键发生变化，可组合项需要处理（执行清理操作）其当前效应，并通过再次调用效应进行重置。

5. 将 Compose 状态发布为非 Compose 代码

如需与非 Compose 管理的对象共享 Compose 状态，可以使用 `SideEffect` 可组合项，因为每次成功重组时都会调用该可组合项。

6. 将非 Compose 状态发布为 Compose 代码

`produceState` 会启动一个协程，该协程将作用域限定为可将值推送到返回的 `State` 组合。使用此协程将非 Compose 状态转换为 Compose 状态，例如将外部订阅驱动的状态（如 `Flow`、`LiveData` 或 `RxJava`）引入。即使 `produceState` 创建了一个协程，它也可用于观察非挂起的数据源。如需移除对该数据源的订阅，可以使用 `awaitDispose` 函数。

7. 将一个或多个状态对象转换为其他状态

如果某个状态是从其他状态对象计算得出的，可以使用 `derivedStateOf`。使用此函数可确保仅当计算中使用的状态之一发生变化时才会进行计算。

2.5.3 重启效应

上一节讲到，Compose 中有一些效应（如 `LaunchedEffect`、`produceState` 或 `DisposableEffect`）会采用可变数量的参数和键来取消运行效应，并使用新的键启动一个新效应。

这些 API 的典型形式是：

```
EffectName(restartIfThisKeyChanges, orThisKey, orThisKey, ...) { block }
```

由于此行为的细微差别，如果用于重启效应的参数不合适，可能会出现问题：如果重启效应次数不够，可能会导致应用程序出现错误；如果重启效应次数过多，效率可能不高。

一般来说，效应代码块中使用的可变变量和不可变变量应作为参数添加到效应可组合项中。除此之外，可以添加更多参数，以便在效应重启时强制执行。如果更改变量不应导致效应重启，则应将该变量封装在 `rememberUpdatedState` 中。如果由于变量封装在一个不含键的 `remember` 中使之没有发生变化，则无须将变量作为键传递给效应。下面来看 `DisposableEffect` 的使用示例：

```
@Composable
fun BackHandler(backDispatcher: OnBackPressedDispatcher, onBack: () -> Unit) {
    val backCallback = remember { /* ... */ }

    DisposableEffect(backDispatcher) {
        backDispatcher.addCallback(backCallback)
        onDispose {
            backCallback.remove()
        }
    }
}
```

在上面展示的 `DisposableEffect` 代码中，效应将其块中使用的 `backDispatcher` 作为参数，因为对它们的任何更改都会导致效应重启。

无须使用 `backCallback` 作为 `DisposableEffect` 键，因为它的值在组合中绝不会发生变化；它封装在不含键的 `remember` 中。如果未将 `backDispatcher` 作为参数传递，并且该代码发生了变化，那么 `BackHandler` 将重组，但 `DisposableEffect` 不会进行处理和重启。这将导致问题，因为此后会使用错误的 `backDispatcher`。可以使用 `true` 等常量作为效应键，使其遵循调用点的生命周期。实际上，它具有有效的用例，如上面的 `LaunchedEffect` 示例；但是，建议暂停使用这些用例，并确保那是需要的内容。

2.6 小结

本章详细解析了 Compose 的原理，内容有些晦涩难懂。我之前也想过把本章放在后面，但这样做大家对 Compose 的理解会有误。如果觉得这一章实在不好理解，可以大致看看，然后先去看后面的章节，之后再翻回来看，有的地方再看可能就会会心一笑了。

啃完本章这块硬骨头，稍事休息再收拾行囊出发！

第 3 章

使用 Compose 的简单控件

经过第 2 章的学习，大家应该对 Compose 的编程思想有了深刻的理解。有了第 2 章的基础，接下来继续学习 Compose 就会游刃有余，感觉一切都顺理成章。如果第 2 章看得不是特别明白也不要紧，先读后面的章节，最后再看第 2 章的内容，会有特别的收获。

本章主要内容有：

- 使用 Compose 的主题；
- 使用 Compose 中的简单控件。

本章的内容相对简单，主要带领大家使用 Compose 中的简单控件，收拾好行囊一起出发吧！

3.1 Compose 中的主题

众所周知，Android View 中的主题在 res 目录下 values 文件夹中定义的 XML 文件中声明，但是在 Compose 中并非如此，同样是使用代码来控制，快来看看怎么使用吧！

3.1.1 主题设置

还记得第 2 章中我们创建的第一个 Compose 应用程序吗？里面默认使用了主题，忘记了也不要紧，下面我们重新创建一个 Compose 项目：

```
class MainActivity : ComponentActivity() {
    override fun onCreate(savedInstanceState: Bundle?) {
        super.onCreate(savedInstanceState)
        setContent {
            FourTheme {  // 主题
                Surface(color = MaterialTheme.colors.background) {
                    Greeting("Android")
                }
            }
        }
    }
}
```

这里创建的 Compose 项目的代码就使用了主题 FourTheme，这个名字大家不要太在意，这是创建 Compose 应用程序的时候根据项目名称自动生成的。下面看看这个 FourTheme 究竟是什么：

```
private val DarkColorPalette = darkColors(
    primary = Purple200,
    primaryVariant = Purple700,
    secondary = Teal200
)

private val LightColorPalette = lightColors(
    primary = Purple500,
    primaryVariant = Purple700,
    secondary = Teal200
)

@Composable
fun FourTheme(darkTheme: Boolean = isSystemInDarkTheme(), content: @Composable() () -> Unit) {
    val colors = if (darkTheme) {
        DarkColorPalette
    } else {
        LightColorPalette
    }

    MaterialTheme(
        colors = colors,
        typography = Typography,
        shapes = Shapes,
        content = content
    )
}
```

代码虽然不少但是都很好理解。首先定义了两个 Colors，分别是深色模式和浅色模式的主题默认颜色。下面的 FourTheme 是一个可组合函数，它接收两个参数，第一个是是否为深色模式，第二个就是我们的布局。然后根据是否为深色模式来选择需要使用的 Colors，之后将选好的 Colors 设置到 MaterialTheme 中。

MaterialTheme 也是一个可组合函数，可以看到它有 4 个参数，除已知的两个参数外，还有 typography 和 shapes，typography 是一组文本样式，shapes 是组件要使用的一组形状，后面会讲解这两个参数。

3.1.2　颜色设置

上一节简单介绍了 Compose 中的主题构成，里面使用了 Colors 而不是 Color。下面看看 Colors 是什么，和 Color 有什么区别：

```
class Colors(
    primary: Color,
    primaryVariant: Color,
    secondary: Color,
    ....
) {
    var primary by mutableStateOf(primary, structuralEqualityPolicy())
        internal set
    var primaryVariant by mutableStateOf(primaryVariant, structuralEqualityPolicy())
        internal set
    var secondary by mutableStateOf(secondary, structuralEqualityPolicy())
        internal set
    ...
}
```

由于篇幅原因上面的 `Colors` 代码经过了删减。可以看到，`Colors` 是一个类，我们传的颜色通过构造方法传入了 `Colors` 中。接着看 `Colors` 类中的代码，`mutableStateOf` 是不是非常熟悉，第 2 章讲 Compose 状态时说过，这里将 `Color` 转为 Compose 可观察的 `State`。

说完了 `Colors`，再来看看 `Color`：

```
inline class Color(val value: ULong) {

    @Stable
    val colorSpace: ColorSpace
        get() = ColorSpaces.getColorSpace((value and 0x3fUL).toInt())

    fun convert(colorSpace: ColorSpace): Color

    @Stable
    val red: Float

    @Stable
    val green: Float

    @Stable
    val blue: Float

    @Stable
    val alpha: Float

    companion object {
        @Stable
        val Black = Color(0xFF000000)
        @Stable
        val DarkGray = Color(0xFF444444)
        @Stable
        val Gray = Color(0xFF888888)
        @Stable
        val Transparent = Color(0x00000000)

        @Stable
```

```
        val Unspecified = Color(0f, 0f, 0f, 0f, ColorSpaces.Unspecified)
    }
}
```

上面就是 Compose 的 Color 类,为了方便阅读,代码经过了删减。可以看到,Color 类就是一个简单的数据存放类,只是用来存放颜色值的,然后有 ARGB 的变量用来存放颜色相关的值,在伴生对象中定义了一些常用的颜色值供我们直接调用。

这时可能有人会说:那我们要怎么设定自己需要的颜色值呢?放心吧,Google 为我们写了一些顶层方法,可以直接调用,比如知道 ARGB 的可以调用下面的方法:

```
@Stable
fun Color(
    red: Float,
    green: Float,
    blue: Float,
    alpha: Float = 1f,
    colorSpace: ColorSpace = ColorSpaces.Srgb
): Color
```

还有像 Color 类中伴生对象中那样的颜色设置就可以调用下面的方法:

```
@Stable
fun Color(color: Long): Color {
    return Color(value = (color.toULong() and 0xffffffffUL) shl 32)
}
```

介绍完 Colors 和 Color 类之后,再来看看主题中设置的颜色在代码中是怎么定义的:

```
val Purple200 = Color(0xFFBB86FC)
val Purple500 = Color(0xFF6200EE)
val Purple700 = Color(0xFF3700B3)
val Teal200 = Color(0xFF03DAC5)
```

是不是感觉很熟悉?没错,就是使用刚刚讲过的定义 Color 的方法。

设置主题颜色的时候要注意需要给哪些属性设定颜色,Colors 中都有默认值,为了方便大家调用,解释一下每个参数对应颜色的意思:

```
class Colors(
    primary: Color, // 应用程序主要颜色
    primaryVariant: Color, // 主要变体颜色,用于区分使用主要颜色的应用程序的两个元素
                           // 例如顶部应用程序栏和系统栏
    secondary: Color, // 辅助颜色,用于浮动操作按钮、选择控件、复选框和单选按钮等
    secondaryVariant: Color, // 辅助变体颜色,用于区分使用辅助颜色的应用程序的两个元素
    background: Color, // 背景颜色
    surface: Color, // 表面颜色,用于组件的表面,例如 Card、menu
    error: Color, // 错误颜色,用于指示组件(例如文本字段)中的错误
    onPrimary: Color, // 用于显示在原色顶部的文本和图标的颜色
    onSecondary: Color, // 用于显示在辅助颜色顶部的文本和图标的颜色
```

```
onBackground: Color, // 用于显示在背景颜色顶部的文本和图标的颜色
onSurface: Color, // 用于显示在表面颜色顶部的文本和图标的颜色
onError: Color, // 用于显示在错误颜色顶部的文本和图标的颜色
isLight: Boolean // 是否为浅色模式
)
```

大家使用的时候直接看上面的注释来选择需要设置的颜色即可。

有一点也是最重要的一点差点儿忘了，给主题设置好的颜色需要怎么使用呢？很简单，直接通过 MaterialTheme 调用即可：

```
Text(
    text = "Hello theming",
    color = MaterialTheme.colors.primary
)
```

3.1.3　字体设置

前面讲主题的时候提过设置主题时的 typography。Material 定义了一个字体系统，可以使用少量从语义上命名的样式，比如字体样式、字体宽度、字号大小等。怎么理解呢，我觉得 typography 就像 HTML 中的 "H1" "H2" "H3" 等，设置好了之后使用时会非常方便，再使用的时候无须自己再次定义。具体的配置代码如下：

```
val Typography = Typography(
    body1 = TextStyle(
        fontFamily = FontFamily.Default,
        fontWeight = FontWeight.Normal,
        fontSize = 16.sp
    )
    button = TextStyle(
        fontFamily = FontFamily.Default,
        fontWeight = FontWeight.W500,
        fontSize = 14.sp
    ),
    caption = TextStyle(
        fontFamily = FontFamily.Default,
        fontWeight = FontWeight.Normal,
        fontSize = 12.sp
    )
)
```

上面就是创建新项目的时候系统自动生成的 typography，这里我们重写了几个常用的字体。那么 Typography 中是什么呢？不知道没关系，看看代码不就知道了嘛：

```
@Immutable
class Typography internal constructor(
    val h1: TextStyle,
    val h2: TextStyle,
    val h3: TextStyle,
```

```
    val h4: TextStyle,
    val h5: TextStyle,
    val h6: TextStyle,
    val subtitle1: TextStyle,
    val subtitle2: TextStyle,
    val body1: TextStyle,
    val body2: TextStyle,
    val button: TextStyle,
    val caption: TextStyle,
    val overline: TextStyle
)
```

可以看到，`Typography` 类中可以设置很多字体，上面的代码中我们就重写了 body1、button 和 caption 的字体。那 TextStyle 又是什么呢？虽然从名字推断与字体样式相关，但并不知道有哪些属性，又该如何使用，不着急，下面就来看看 TextStyle：

```
@Immutable
class TextStyle(
    val color: Color = Color.Unspecified, // 颜色
    val fontSize: TextUnit = TextUnit.Unspecified, // 字号大小
    val fontWeight: FontWeight? = null, // 字体粗细
    val fontStyle: FontStyle? = null, // 字体样式，例如斜体
    val fontSynthesis: FontSynthesis? = null, // 在提供的自定义字体系列中找不到所需的粗细或样式时，
                                              // 是否合成字体粗细或样式
    val fontFamily: FontFamily? = null, // 要使用的字体
    val fontFeatureSettings: String? = null, // 字体提供的高级字体设置
                                             // 格式与 CSS font-feature-settings 属性相同
    val letterSpacing: TextUnit = TextUnit.Unspecified, // 字母间距要增加的量
    val baselineShift: BaselineShift? = null, // 文本从当前基线上移的量
    val textGeometricTransform: TextGeometricTransform? = null, // 几何变换应用了文本
    val localeList: LocaleList? = null, // 用于选择特定区域的字形的语言环境列表
    val background: Color = Color.Unspecified, // 文本的背景颜色
    val textDecoration: TextDecoration? = null, // 要在文字上绘制的装饰（例如下划线）
    val shadow: Shadow? = null, // 阴影效果
    val textAlign: TextAlign? = null, // 文本在段落中的对齐方式
    val textDirection: TextDirection? = null, // 用于解析最终文本和段落方向的算法：从左到右或从右到左
    val lineHeight: TextUnit = TextUnit.Unspecified, // 行高
    val textIndent: TextIndent? = null // 该段的缩进
)
```

通过上面的代码和注释可知，TextStyle 中描述了文字的各种属性，大家可以根据上面的注释选择使用。

这回不能忘记了，还没有讲给主题设置好的字体怎样使用呢：

```
Text(
    text = "Caption styled",
    style = MaterialTheme.typography.caption
)
```

很简单，同样是使用 `MaterialTheme` 进行调用。

关于字体还有一点需要注意：如果希望自始至终使用同一字体，可以指定 `defaultFontFamily` 参数，并省略所有 `TextStyle` 元素的 `fontFamily`：

```
val typography = Typography(defaultFontFamily = Rubik)
MaterialTheme(typography = typography, /*...*/)
```

好了，字体就讲到这里。

3.1.4　形状设置

Compose 主题中的几个参数讲得差不多了，还剩下一个——Shape。之前在 Android View 中，该参数需要在 res 目录的 drawable 文件夹下创建 XML 来使用，而现在在 Compose 中也可以使用代码来设置。来看看系统默认帮我们创建的相关代码：

```
val Shapes = Shapes(
    small = RoundedCornerShape(4.dp),
    medium = RoundedCornerShape(4.dp),
    large = RoundedCornerShape(0.dp)
)
```

是否有种似曾相识的感觉，是不是和刚才的 `Colors` 套路基本一样，那就和刚才一样，先来看看 `Shapes` 类：

```
@Immutable
class Shapes(

    // Button 或 Snackbar 之类的小组件使用的形状
    val small: CornerBasedShape = RoundedCornerShape(4.dp),

    // [Card]或[AlertDialog]等中等组件使用的形状
    val medium: CornerBasedShape = RoundedCornerShape(4.dp),

    // 大型组件（例如[ModalDrawer]或[ModalBottomSheetLayout]）使用的形状
    val large: CornerBasedShape = RoundedCornerShape(0.dp)
)
```

看了 `Shapes` 类的源码，是不是感觉要比 `Colors` 简单一点儿，最起码参数要少很多，只有 3 个：`small`、`medium` 和 `large`，而且意思一目了然。

还需要说怎么使用吗？与前面颜色和字体的使用方法一模一样，如下所示：

```
Surface(
    shape = MaterialTheme.shapes.medium, /*...*/
)
```

是不是很简单，还是通过 `MaterialTheme` 调用就行。

颜色、字体和形状都讲完了，发现调用的时候都是通过 `MaterialTheme` 调用的，下面就来看

看 `MaterialTheme` 的源码：

```
object MaterialTheme {

    val colors: Colors
        @Composable
        @ReadOnlyComposable
        get() = LocalColors.current

    val typography: Typography
        @Composable
        @ReadOnlyComposable
        get() = LocalTypography.current

    val shapes: Shapes
        @Composable
        @ReadOnlyComposable
        get() = LocalShapes.current
}
```

是不是一切都恍然大悟了，主题的这些属性设置完之后，会保存在 `MaterialTheme` 这个单例中，所以我们使用的时候直接通过 `MaterialTheme` 根据需要调用即可。

3.2　Compose 中的 "TextView"

上一节讲解了 Compose 中的主题，大家对 Compose 的理解又加深了一些。之后的几节大家应该会特别感兴趣，因为可以实时看到代码的运行结果。

3.2.1　显示文字

文字对于任何界面来说都是绝对的核心内容，它可以用来展示你想要展示的各种信息。在 Android View 中展示文字使用的是 "TextView"，写法一般如下所示：

```xml
<TextView xmlns:android="http://schemas.android.com/apk/res/android"
    android:layout_width="wrap_content"
    android:layout_height="match_parent"
    android:layout_gravity="center" // 相对父布局居中展示
    android:gravity="center" // 当前控件内容居中展示
    android:text="Zhujiang" // 展示文字
    android:textColor="#000" // 文字颜色
    android:textSize="40sp" // 文字大小
    android:textStyle="bold|italic" />  // 文字样式：加粗和斜体
```

上面的代码很简单，大家平时都是这样展示文字的。代码的意思见注释，这里就不多解释了。直接预览效果，如图 3-1 所示。

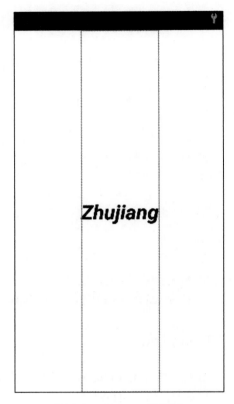

图 3-1　TextView 的例子

那么在 Compose 中如何显示文字呢？其实我不说大家也已经知道了，因为之前的章节已经使用过了，再来回顾一下：

```
@Composable
fun TextTest() {
    Text("Zhujiang")
}
```

没错，就是这么简单。这时就有一个问题，这里使用的是硬编码的形式，但是 Google 官方建议使用字符串资源，因为使用字符串资源可以与 Android View 共享相同的字符串，并为应用程序的国际化做好准备（本人有改过上千个硬编码的血泪史）。那么 Text 应该怎样使用字符串资源呢？如下所示：

```
@Composable
fun TextTest() {
//    Text("Zhujiang")
    Text(stringResource(R.string.zhu_jiang))
}
```

在 Compose 中使用 stringResource 就可以直接读取字符串资源。接下来考虑预览效果，应该怎么做呢？肯定不需要运行。如果需要运行才能预览效果的话，还是选择使用 XML 进行布局吧。还记得之前学过的 Preview 吗？没错，这里就可以使用它了：

```
@Preview(showBackground = true, widthDp = 100, heightDp = 100)
@Composable
fun TextTestPreview() {
    TextTest()
}
```

上面的 Preview 中设置了显示背景，宽和高都设为 100dp，然后直接展示了刚才写的 TextTest。来预览 TextTest 的效果，如图 3-2 所示。

图 3-2　Compose Text 的例子

如果不需要进行其他设置，直接像上面那样使用 Text 即可，但是实际开发中怎么可能不需要别的设置呢，所以还是需要看看怎样设置一些文字效果。下面看看 Text 的源码，研读源码才能学到最准确的知识：

```
@Composable
fun Text(
    text: String,
    modifier: Modifier = Modifier, // 修饰符
    color: Color = Color.Unspecified, // 文本颜色
    fontSize: TextUnit = TextUnit.Unspecified, // 字号大小
    fontStyle: FontStyle? = null, // 字体样式：斜体
    fontWeight: FontWeight? = null, // 字体粗细
    fontFamily: FontFamily? = null, // 字体
    letterSpacing: TextUnit = TextUnit.Unspecified, // 字符间距
    textDecoration: TextDecoration? = null, // 要在文字上绘制的装饰（例如下划线）
    textAlign: TextAlign? = null, // 文本在段落中的对齐方式
    lineHeight: TextUnit = TextUnit.Unspecified, // 行高
    overflow: TextOverflow = TextOverflow.Clip, // 视觉溢出应如何处理
```

```
    softWrap: Boolean = true, // 文本是否应在换行符处中断
    maxLines: Int = Int.MAX_VALUE, // 最大行数
    onTextLayout: (TextLayoutResult) -> Unit = {}, // 计算新的文本布局时执行的回调
    style: TextStyle = LocalTextStyle.current // 文本的样式配置，例如颜色、字体、行高等
)
```

可以看到 Text 中有很多参数，但是基本上都有默认值，只有 text 是必须设置的，因为 Text 是用来展示文本的，连文本都没有的话展示什么呢？对不对？其他参数看着眼熟吗？是不是好多感觉见过？没错，在 3.1 节的 TextStyle 中有好多和这里一样的参数，而且 Text 的最后一个参数就是 TextStyle。上一节也举过例子，但是并没有实际运行，下面详细讲解 Text 的使用方法，让大家看到一些复杂的文本操作的时候可以微微一笑地想出实现方法。

3.2.2 设置文字样式

本节将带大家设置文字的各种样式，请坐好，要发车了！

1. 文字颜色

首先设置文字颜色：

```
@Composable
fun TextTest() {
    Text(
        stringResource(R.string.zhu_jiang),
        color = Color.Red
    )
}
```

上面的代码很简单，只是将 Text 的字体颜色设置为红色，预览效果如图 3-3 所示。

图 3-3　设置 Text 的字体颜色（另见彩插）

2. 字号大小

接下来修改字号大小：

```
@Composable
fun TextTest() {
    Text(stringResource(R.string.zhu_jiang), fontSize = 25.sp)
}
```

字号大小参数 `fontSize` 的类型是 `TextUnit`。我们设置字号大小的时候使用了 `Int.sp` 的形式，其实这是 Compose 为我们写的扩展函数。`Int`、`Float`、`Double` 都可以这样使用，即参数类型为 `TextUnit` 的时候我们可以使用这种方式来进行设置。

设置完字号大小再来预览效果，如图 3-4 所示。

图 3-4 设置 Text 的字号大小

3. 设置斜体

在上面的 TextView 中我们曾将 Text 修改为斜体，Compose 同样也可以：

```
@Composable
fun TextTest() {
    Text(stringResource(R.string.zhu_jiang), fontStyle = FontStyle.Italic)
}
```

在上面的代码中，设置斜体的参数类型没有见过。来看看 `FontStyle` 的源码：

```
enum class FontStyle {
    Normal,
    Italic
}
```

`FontStyle` 的代码很简单，这是一个枚举类，只有两个参数：`Normal` 和 `Italic`。好了，来预览斜体的效果，如图 3-5 所示。

图 3-5　将 Text 设置为斜体

4. 设置字体的粗细

按照 Text 的参数顺序，该设置加粗显示文本了，但是设置字体加粗的参数类型之前没见过，同样先来看看 FontWeight 的源码：

```
@Immutable
class FontWeight(val weight: Int) : Comparable<FontWeight> {

    companion object {
        ...
        @Stable
        val Medium = W500

        @Stable
        val SemiBold = W600

        @Stable
        val Bold = W700

        @Stable
        val ExtraBold = W800

        @Stable
        val Black = W900
        ...
    }
}
```

由于篇幅原因这里的 FontWeight 源码经过了删减，不过不影响理解。可以看到 FontWeight 类接收一个 Int 类型的参数，表示字体的粗细，而且 Compose 为了方便我们使用，在伴生对象中定义了一些常用的粗度，比如我们熟悉的 Bold。

在 TextView 中加粗和斜体都是通过 textStyle 来进行设置的，在 Compose 中将这两个分开了，现在明白是为什么了吧，是为了更方便地设置字体的粗细。来看看加粗显示文本怎样实现：

```
@Composable
fun TextTest() {
    Text(stringResource(R.string.zhu_jiang), fontWeight = FontWeight.Bold)
}
```

下面直接预览效果，如图 3-6 所示。

图 3-6　给 Text 设置加粗效果

这里说明一下，FontWeight 不只能设置加粗。上面看过 FontWeight 的源码了，我们既可以使用定义好的值，也可以使用自定义的值：

```
@Composable
fun TextTest() {
    Text(stringResource(R.string.zhu_jiang), fontWeight = FontWeight(1))
}
```

上面的代码中我们对 FontWeight 通过构造方法将粗度设置为 1，再来预览效果，如图 3-7 所示。

图 3-7 修改粗度后的 Text

5. 设置字体

下面修改字体。这里使用的是 `fontFamily` 参数，用于设置可组合项中使用的字体。按照惯例，先来看看 `FontFamily` 的源码：

```
@Immutable
sealed class FontFamily(val canLoadSynchronously: Boolean) {
    companion object {
        // 默认字体
        val Default: SystemFontFamily = DefaultFontFamily()
        // 具有低对比度和平淡笔画结尾的字体
        val SansSerif = GenericFontFamily("sans-serif")
        // Scripts 的正式文本
        val Serif = GenericFontFamily("serif")
        // 字形具有相同固定宽度的字体
        val Monospace = GenericFontFamily("monospace")
        // 草书，手写字体
        val Cursive = GenericFontFamily("cursive")
    }
}
```

系统默认提供上面 5 种字体，下面比较一下它们的区别：

```
@Composable
fun TextTest() {
    Column { // 竖向线性布局
        Text("Hello World", fontFamily = FontFamily.Default)
        Text("Hello World", fontFamily = FontFamily.SansSerif)
        Text("Hello World", fontFamily = FontFamily.Serif)
        Text("Hello World", fontFamily = FontFamily.Monospace)
        Text("Hello World", fontFamily = FontFamily.Cursive)
    }
}
```

上面的代码中我们把 5 种字体都使用了一遍，预览效果如图 3-8 所示。

图 3-8　给 Text 设置不同字体

除了使用系统提供的这 5 种字体外，还可以添加自定义字体和字型。为此，首先要将字体文件放到 res/font 文件夹中，如图 3-9 所示。

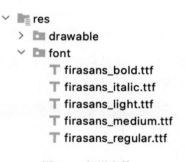

图 3-9　新增字体

放置完成之后，需要根据字体文件来定义 fontFamily：

```
val firaSansFamily = FontFamily(
    Font(R.font.firasans_light, FontWeight.Light),
    Font(R.font.firasans_regular, FontWeight.Normal),
    Font(R.font.firasans_italic, FontWeight.Normal, FontStyle.Italic),
    Font(R.font.firasans_medium, FontWeight.Medium),
    Font(R.font.firasans_bold, FontWeight.Bold)
)
```

然后，就可以将此 fontFamily 传递给 Text 来使用了：

```
Text(stringResource(R.string.zhu_jiang),
    fontFamily = firaSansFamily, fontWeight = FontWeight.Light)
```

6. 设置字符间距

下面设置每个字符之间要增加的空间量，即设置字符间距，使用的是 Text 的 letterSpacing 参数。可以看到该参数的类型和上面设置字号大小的一样，都是 TextUnit，所以这里直接使用".sp"的方式来设置字符间距即可，代码如下所示：

```
@Composable
fun TextTest() {
    Text(stringResource(R.string.zhu_jiang), letterSpacing = 5.sp)
}
```

代码编写方式和前面设置字号大小的基本一样，就不再解释了，预览效果如图 3-10 所示。

图 3-10　给 Text 设置字符间距

设置字符间距还有一点需要注意，并不是只有英文可以设置字符间距，中文同样可以。我们修改文本为"朱江"，再来预览效果，如图 3-11 所示。

图 3-11　给中文设置字符间距

7. 设置文字装饰

接下来该看 textDecoration——文字装饰了，这个参数的类型之前没有见过，知道下一步该干什么了吗？没错，直接看 TextDecoration 的源码：

```
@Immutable
class TextDecoration internal constructor(val mask: Int) {

    companion object {
        @Stable
        val None: TextDecoration = TextDecoration(0x0)

        // 在文本下方绘制一条水平线
        @Stable
        val Underline: TextDecoration = TextDecoration(0x1)

        // 在文本中绘制一条水平线
        @Stable
        val LineThrough: TextDecoration = TextDecoration(0x2)
    }
}
```

上面 `TextDecoration` 的代码也经过一定的删减。可以看到，`TextDecoration` 同之前的 `FontFamily` 和 `FontWeight` 都类似，都是在一个类中定义了伴生对象，里面定义了几种常用的格式。下面看看系统默认提供的这几种文字装饰的使用方法：

```
Column {
    Text("Hello World", textDecoration = TextDecoration.None)
    Text("Hello World", textDecoration = TextDecoration.Underline)
    Text("Hello World", textDecoration = TextDecoration.LineThrough)
}
```

和前面设置字体的例子一样，直接把系统提供的一块儿拿来使用，这样对比更加明显。预览效果如图 3-12 所示。

图 3-12　给 Text 设置文字装饰

可以看到，`TextDecoration.Underline` 的效果是下划线，而 `TextDecoration.LineThrough` 的效果是我们通常说的删除线。

8. 文字对齐方式

下面来看文字的对齐方式，使用的是 textAlign 参数。默认情况下，Text 会根据其内容选择自然的文字对齐方式：对于从左到右书写的文字，如拉丁语、西里尔文或韩文，向 Text 容器的左边缘对齐；对于从右到左书写的文字，如阿拉伯语或希伯来语，向 Text 容器的右边缘对齐。

textAlign 参数的类型为 TextAlign，TextAlign 的代码如下：

```
enum class TextAlign {
    // 在容器的左边缘对齐文本
    Left,

    // 在容器的右边缘对齐文本
    Right,

    // 在容器的中间对齐文本
    Center,

    // 文本内容在容器中按照两端对齐，以硬换行符结尾的行朝[开始]边缘对齐
    Justify,

    // 将文本与容器的前边缘对齐
    Start,

    // 将文本与容器的后边缘对齐
    End
}
```

可以看到 TextAlign 是一个枚举类，其中定义了几种枚举类型，我在代码中都添加了注释，这里就不一一测试了，只测试使用最多的场景——居中：

```
Text(stringResource(R.string.zhu_jiang), textAlign = TextAlign.Center,
    modifier = Modifier.width(150.dp))
```

为了使 TextAlign.Center 生效，我们给 Text 设置了一个宽度。如果不设置的话，默认的是自己的宽度，TextAlign.Center 就看不出效果了。写完代码后预览效果，如图 3-13 所示。

图 3-13　设置 Text 的对齐方式

9. 设置行高

下面设置 Text 的行高。行高使用的参数是 `lineHeight`，其类型也是 TextUnit，所以与前面设置字号大小和字间距的方法一样：

```
Text("素胚勾勒出青花笔锋浓转淡", lineHeight = 35.sp)
```

行高设置效果如图 3-14 所示。

图 3-14　设置 Text 的行高

10. 文字溢出

下面处理文字溢出的情况，使用的参数为 overflow，其类型为 TextOverflow。老规矩，直接看 TextOverflow 的源码：

```
enum class TextOverflow {
    // 基本等于不做处理
    Clip,

    // 使用省略号表示文本已溢出
    Ellipsis,
}
```

我们发现 TextOverflow 也是一个枚举类，里面只有两个枚举类型。光说看不出效果，举个例子：

```
Column {
    Text("素胚勾勒出青花笔锋浓转淡", maxLines = 1, overflow = TextOverflow.Clip)
    Text("素胚勾勒出青花笔锋浓转淡", maxLines = 1, overflow = TextOverflow.Ellipsis)
}
```

上面的代码中使用了最大行数，最大行数就不单独介绍了，默认的是 Int 的最大值。然后我们把 TextOverflow 的两种效果都设置一下，以显示差别，效果如图 3-15 所示。

图 3-15　设置 Text 的文字溢出

可以看到，如果将 overflow 设置为 TextOverflow.Clip，当文字显示不下的时候会直接将文字截断，而设置为 TextOverflow.Ellipsis 则会显示省略号表示后面还有内容未显示。这里大家根据自己的实际需求使用即可。

11. 文字中包含多种样式

至此，文字样式差不多就讲完了，但是最后需要再讲一种：文字中包含多种样式，这在各种资讯类应用程序中非常常见，比如相邻字符的颜色不同，抑或字体不同，等等。

如果需要在同一 Text 可组合项中设置不同的样式，必须使用 AnnotatedString，该字符串可使用任意注解样式加以注解。来看看 AnnotatedString 的含义：

```
class AnnotatedString internal constructor(
    val text: String,
    val spanStyles: List<Range<SpanStyle>> = emptyList(),
    val paragraphStyles: List<Range<ParagraphStyle>> = emptyList(),
    internal val annotations: List<Range<out Any>> = emptyList()
)
```

可以看到，AnnotatedString 是一个数据类，其中包含：一个 String 值，用于表示文字内容；一个 SpanStyle 的 List，用于在文本的特定部分指定 SpanStyle；一个 ParagraphStyle 的 List，用于指定文字对齐、文字方向、行高和文字缩进样式。

TextStyle 用于 Text 可组合项，而 SpanStyle 和 ParagraphStyle 用于 AnnotatedString。

SpanStyle 和 ParagraphStyle 之间的区别在于，ParagraphStyle 可应用于整个段落，而 SpanStyle 可以在字符级别应用。一旦用 ParagraphStyle 标记了一部分文字，该部分就会与其余部分隔开,就像在开头和末尾有换行符一样。

AnnotatedString 的使用方法如下:

```
Text(buildAnnotatedString {
    withStyle(style = SpanStyle(color = Color.Blue)) {
        append("Z")
    }
    append("hu")

    withStyle(style = SpanStyle(fontWeight = FontWeight.Bold, color = Color.Red)) {
        append("J")
    }
    append("iang")
})
```

上面代码的预览效果如图 3-16 所示。

图 3-16　Text 样式(另见彩插)

我们可以按相同的方式设置段落样式:

```
Text(buildAnnotatedString {
    withStyle(style = ParagraphStyle(lineHeight = 30.sp)) {
        withStyle(style = SpanStyle(color = Color.Blue)) {
            append("Hello\n")
        }
        withStyle(style = SpanStyle(fontWeight = FontWeight.Bold,
            color = Color.Red)) {
            append("World\n")
        }
        append("Compose")
    }
})
```

段落样式的效果如图 3-17 所示。

图 3-17　给 Text 设置段落样式（另见彩插）

文字样式就讲到这里。上述各种样式足够在日常工作中使用了，大家也没必要全部记下来，需要用的时候重温即可。

3.2.3　设置文字选择

上一节中我们学习了 Text 的各种文字样式，是不是感觉比 Android View 中的 TextView 使用起来更加方便、简单？这就对了！本节中我们来看看在 Compose 中怎样设置文字选择。有人可能会问文字选择是什么？文字选择就是长按文字的时候弹出的复制、粘贴等按钮。

在 Compose 中支持 Text 的精细互动，文字选择现在更加灵活，并且可以跨各种可组合项布局进行选择。文字中的交互与其他可组合项布局不同，所以无法为 Text 可组合项的某一部分添加修饰符。

默认情况下，可组合项不可选择，这意味着在默认情况下用户无法选择和复制文字。要启用文字选择，需要使用 SelectionContainer 可组合项封装文字元素：

```
SelectionContainer(modifier = Modifier.fillMaxSize()) {
    Text("This text is selectable", fontSize = 35.sp)
}
```

直接使用 SelectionContainer 将 Text 包裹起来即可实现文字选择。这块儿就不能再使用 Preview 来进行布局的预览了，因为这块需要长按事件来触发文字选择。运行看看效果，如图 3-18 所示。

图 3-18　设置文字选择

这时可能有人会问：如果一大段文字中有一些我不想让用户选中，该怎么做呢？很简单，在 Compose 中可以为可选择区域的特定部分停用选择功能。如果要执行此操作，只需要使用 DisableSelection 可组合项来封装不可选择的部分即可：

```
SelectionContainer {
    Column {
        Text("天青色等烟雨")
        Text("而我在等你")
        Text("月色被打捞起")
        DisableSelection {
            Text("晕开了结局")
            Text("如传世的青花瓷")
        }
        Text("自顾自美丽")
        Text("你眼带笑意")
    }
}
```

代码很简单，可选择的使用 SelectionContainer 包裹起来，不允许选择的使用 DisableSelection

包裹即可。运行结果如图 3-19 所示。

图 3-19 禁止选择文字

如需监听 Text 的点击次数,可以添加 clickable 修饰符。不过,如果要想在 Text 可组合项内获取点击位置,在对文字的不同部分执行不同操作的情况下,就需要使用 ClickableText 了:

```
ClickableText(
    text = AnnotatedString("点击"),
    onClick = { offset ->
        Log.d(TAG, "$offset")
    }
)
```

当用户点击 Text 可组合项时,我们可能想向 Text 值的某一部分附加额外信息,例如向特定字词附加可在浏览器中打开的网址。如果要执行此操作,需要附加一个注解,没错,还是上面用过的 AnnotatedString:

```
val annotatedText = buildAnnotatedString {
    append("点击")
    pushStringAnnotation(tag = "URL",
```

```
            annotation = "https://developer.android.com")
        withStyle(style = SpanStyle(color = Color.Blue,
            fontWeight = FontWeight.Bold)) {
                append("Url")
        }
        pop() // 结束符
}
ClickableText(
    text = annotatedText,
    onClick = { offset ->
        annotatedText.getStringAnnotations(tag = "URL", start = offset,
            end = offset)
            .firstOrNull()?.let { annotation ->
                // 如果不为空，就记录它的值。
                Log.d("Clicked URL", annotation.item)
            }
    }
)
```

3.3 Compose 中的"EditText"

上一节详细介绍了 Compose 中的"TextView"——Text，本节将介绍 Compose 中的"EditText"——TextField。

3.3.1 输入和修改文字

在 Compose 中 TextField 允许用户输入和修改文字。TextField 实现分为两个级别：TextField 和 BasicTextField，下面分别介绍。

1. TextField

TextField 是 Material Design 实现。Google 官方建议我们选择此实现，因为它遵循 Material Design 指南：默认样式为填充，OutlinedTextField 是轮廓样式版本。

先来看看 TextField 的使用方法：

```
@Composable
fun TextFieldTest(){
    val text = remember { mutableStateOf("你好") }
    TextField(
        value = text.value,
        onValueChange = { text.value = it },
        label = { Text("标签") }
    )
}
```

代码很简单，里面用到的 remember 在 2.4 节中讲过，将 State 中的 String 值传给 TextField

中的 value，当 TextField 中输入文本的时候，onValueChange 会将值赋给 State，当 State 发生改变的时候触发 Compose 的重组，然后更新控件状态。所以我说第 2 章是"万金油"，学好第 2 章对理解之后的章节有一定的帮助。

来看看使用 TextField 的运行结果，如图 3-20 所示。

图 3-20　TextField

使用完 TextField，再来看看 OutlinedTextField：

```
@Composable
fun TextFieldTest(){
    val text = remember { mutableStateOf("你好") }
    OutlinedTextField(
        value = text.value,
        onValueChange = { text.value = it },
        label = { Text("") }
    )
}
```

可以看到 OutlinedTextField 和 TextField 的使用方法基本一致。OutlinedTextField 的运行结果如图 3-21 所示。

图 3-21　OutlinedTextField

2. BasicTextField

BasicTextField 允许用户通过硬件键盘或软件键盘编辑文字，但没有提供提示或占位符等装饰。其用法如下：

```
@Composable
fun TextFieldTest(){
    val text = remember { mutableStateOf("你好") }
    BasicTextField(
        value = text.value,
        onValueChange = { text.value = it },
    )
}
```

可以看到，除了不能设置 label，它与 OutlinedTextField 和 TextField 的使用方法基本一致。代码运行结果如图 3-22 所示。

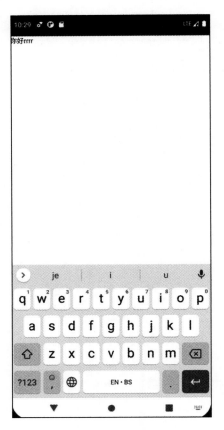

图 3-22　BasicTextField

是不是看起来没有 OutlinedTextField 和 TextField 美观，没关系，我们可以让它变得好看一些。

3.3.2　显示样式

TextField 和 BasicTextField 的参数基本一致，这里就以 TextField 为例来进行设置。按照惯例，先来看看 TextField 的源码：

```
@Composable
fun TextField(
    value: String, // 显示的文字
    onValueChange: (String) -> Unit, // 监听用户的输入改变
```

```
modifier: Modifier = Modifier,  // 修饰符
enabled: Boolean = true,  // 是否可点击
readOnly: Boolean = false,  // 是否只读
textStyle: TextStyle = LocalTextStyle.current,  // TextStyle，详见3.1.3节
label: @Composable (() -> Unit)? = null, // 显示在文本字段容器内的可选标签
placeholder: @Composable (() -> Unit)? = null, // 文本字段为焦点且输入文本为空时显示的可选占位符
leadingIcon: @Composable (() -> Unit)? = null, // 显示在文本字段容器开头的可选前导图标
trailingIcon: @Composable (() -> Unit)? = null, // 显示在文本字段容器末尾的可选尾随图标
isError: Boolean = false, // 指示文本字段的当前值是否错误
visualTransformation: VisualTransformation = VisualTransformation.None, // 转换输入 value 的
                                                                        // 可视表示形式
keyboardOptions: KeyboardOptions = KeyboardOptions.Default, // 配置的软件键盘选项
keyboardActions: KeyboardActions = KeyboardActions(), // 当输入服务发出 IME 操作时
                                                      // 将调用相应的回调
singleLine: Boolean = false, // 是否单行
maxLines: Int = Int.MAX_VALUE, // 最大行数
interactionSource: MutableInteractionSource = remember { MutableInteractionSource() },
// 文本字段容器的形状
shape: Shape =
    MaterialTheme.shapes.small.copy(bottomEnd = ZeroCornerSize, bottomStart = ZeroCornerSize),
colors: TextFieldColors = TextFieldDefaults.textFieldColors() // 用于解析处于不同状态的该文本
                                                              // 字段的文本颜色
)
```

哇！代码是不是挺多，和前面的 Text 差不多，一堆参数，不过其中一些参数在 Text 中已经见过了，所以不会像之前那样感到陌生。接下来挑选几个常用的参数试一下：

```
@Composable
fun TextFieldTest() {
    val text = remember { mutableStateOf("你好") }
    TextField(
        value = text.value,
        onValueChange = { text.value = it },
        label = { Text("Enter text") },
        maxLines = 2,
        textStyle = TextStyle(color = Color.Blue, fontWeight = FontWeight.Bold),
        modifier = Modifier.padding(20.dp)
    )
}
```

上面的代码用到了 maxLines 和 textStyle，这两个参数我们在 Text 中也使用过，其类型也一样，就不赘述了。直接来看代码的运行结果，如图 3-23 所示。

图 3-23　设置 TextField 的样式

3.3.3　键盘选项

在 Android View 中使用 EditText 的时候是通过 inputType 来设置输入类型的，在 Compose 的 TextField 中使用的是 keyboardOptions 参数，该参数的类型是 KeyboardOptions，这个类型之前没见过，先来看看它的源码：

```
@Immutable
class KeyboardOptions constructor(
    val capitalization: KeyboardCapitalization = KeyboardCapitalization.None,
    val autoCorrect: Boolean = true,
    val keyboardType: KeyboardType = KeyboardType.Text,
    val imeAction: ImeAction = ImeAction.Default
) {
    companion object {
    // 默认选项
        val Default = KeyboardOptions()
    }
}
```

下面详解该类的参数。

1. capitalization

capitalization 参数的类型为 KeyboardCapitalization，用来请求软键盘大写文本的选项。可以看到 capitalization 的默认值为 KeyboardCapitalization.None。KeyboardCapitalization 的源码如下：

```
enum class KeyboardCapitalization {
    // 不自动大写文本
    None,

    // 所有字符大写
    Characters,

    // 每个单词的第一个字符大写
    Words,

    // 每个句子的第一个字符大写
    Sentences
}
```

从代码中可以看到 KeyboardCapitalization 是一个枚举类，里面有 4 种枚举类型：None、Characters、Words 和 Sentences。None 为默认值，表示不自动大写文本；Characters 表示会将所有字符大写；Words 表示会将每个单词的第一个字符大写；Sentences 表示会将每个句子的第一个字符大写。大家可以根据实际需求来设置 capitalization。

2. autoCorrect

autoCorrect 参数的类型为 Boolean，默认状态是打开的，作用是通知键盘是否启用自动更正（autoCorrect）。需要注意的是，autoCorrect 仅适用于基于文本的 KeyboardType，例如 KeyboardType.Email、KeyboardType.Uri，它不会应用于 KeyboardType.Number。

3. keyboardType

keyboardType 参数的类型为 KeyboardType，意思是在文本字段中使用的键盘类型。这个类之前没有见过，我们先看看它的源码：

```
enum class KeyboardType {
    // 用于请求显示常规键盘的 IME 的键盘类型
    Text,

    // 用于请求能够输入 ASCII 字符的 IME
    Ascii,

    // 用于请求能够输入数字的 IME
    Number,

    // 用于请求能够输入电话号码的 IME
    Phone,
```

```
    // 用于请求能够输入 URI 的 IME
    Uri,

    // 用于请求能够输入电子邮件地址的 IME
    Email,

    // 用于请求能够输入密码的 IME
    Password,

    // 用于请求能够输入数字密码的 IME
    NumberPassword
}
```

可以看到 KeyboardType 同样是一个枚举类，里面有 8 种枚举类型，分别表示各种键盘类型，代码注释中所说的 IME 指的是输入法编辑器。上面 8 种枚举类型的应用场景见代码注释，大家在编码过程中可以直接选取需要的类型。

4．imeAction

imeAction 参数的类型是 ImeAction，默认值为 ImeAction.Default，意思是键盘会执行此 IME 操作，并且可能会在键盘上显示特定的图标。例如指定了 ImeAction.Search，则可能会显示搜索图标。来看看 ImeAction 的源码：

```
enum class ImeAction {
    // 使用平台和键盘默认设置，然后让键盘来决定操作
    Default,

    // 表示期望键盘不执行任何操作。默认为换行的动作
    None,

    // 表示用户想转到输入中的文本目标，即访问 URL
    Go,

    // 表示用户要执行搜索，即网络搜索查询
    Search,

    // 表示用户要在输入中发送文本，即 SMS
    Send,

    // 表示用户想要返回到先前的输入，即返回表格中的先前字段
    Previous,

    // 表示用户已完成当前输入，并且想要移至下一个字段，即移至表单中的下一个字段
    Next,

    // 表示用户已完成输入的操作。现在应该发生某种终结行为，即该字段是组中最后一个元素，并且确定了数据输入
    Done
}
```

同 KeyboardCapitalization 和 KeyboardType 一样，ImeAction 类也是一个枚举类，定义了 8 种枚举类型，每种类型的使用场景见代码注释，大家可以根据需求使用。但需要注意的是，ImeAction 无法保证键盘是否会显示请求的操作。

下面来看一个小例子：

```
@Composable
fun TextFieldTest() {
    val text = remember { mutableStateOf("你好") }
    TextField(
        value = text.value,
        onValueChange = { text.value = it },
        label = { Text("Enter text") },
        keyboardOptions = KeyboardOptions(
            capitalization = KeyboardCapitalization.Characters, // 设置全部字符大写
            keyboardType = KeyboardType.Email, // 输入类型设置为 Email
            autoCorrect = true, // 开启自动更正
            imeAction = ImeAction.Search // IME 动作设置为搜索
        ),
        textStyle = TextStyle(color = Color.Blue, fontWeight = FontWeight.Bold),
        modifier = Modifier.padding(20.dp)
    )
}
```

上面的例子中，我们为 TextField 添加了 KeyboardOptions，设置全部字符大写，键盘类型设置为 KeyboardType.Email，并开启了自动更正，IME 动作设置为 ImeAction.Search。运行结果如图 3-24 所示。

图 3-24　给 TextField 设置 KeyboardOptions

5. 监听 imeAction 并执行

上面我们将 IME 动作设置为 `ImeAction.Search`，在图 3-24 中箭头标识的地方可以看到搜索按钮，但现在点击它没有任何效果，因为我们还没有设置相应的交互，下面来看看怎样设置键盘的操作。

在 `TextField` 中有一个参数 `keyboardActions`，它的参数类型为 `KeyboardActions`，意思是当输入服务发出 IME 操作时，将调用相应的回调。来看看 `KeyboardActions` 的源码：

```
class KeyboardActions(
    // 当用户触发 ImeAction.Done 操作时，将执行此命令
    val onDone: (KeyboardActionScope.() -> Unit)? = null,

    // 当用户触发 ImeAction.Go 操作时，将执行此命令
    val onGo: (KeyboardActionScope.() -> Unit)? = null,

    // 当用户触发 ImeAction.Next 操作时，将执行此命令。空值表示应执行默认实现
    // 默认实现将焦点移到焦点遍历顺序中的下一个项目
    val onNext: (KeyboardActionScope.() -> Unit)? = null,

    // 当用户触发 ImeAction.Previous 操作时，将执行此命令。空值表示应执行默认实现
    // 默认实现将焦点移动到焦点遍历顺序中的上一个项目
    val onPrevious: (KeyboardActionScope.() -> Unit)? = null,

    // 当用户触发 ImeAction.Search 操作时，将执行此命令
    val onSearch: (KeyboardActionScope.() -> Unit)? = null,

    // 当用户触发 ImeAction.Send 操作时，将执行此命令
    val onSend: (KeyboardActionScope.() -> Unit)? = null
) {
    companion object {
        // 不指定任何操作
        val Default: KeyboardActions = KeyboardActions()
    }
}
```

可以看到 `KeyboardActions` 是一个普通类，在构造方法中有 6 个参数，分别和 `ImeAction` 中的 6 个枚举类型一一对应，所以如果设置了 `ImeAction`，就需要实现对应的 `KeyboardActions` 来执行对应操作。我们在上个例子的基础上添加一下 `KeyboardActions`：

```
val context = LocalContext.current
TextField(
    value = text.value,
    onValueChange = { text.value = it },
    label = { Text("Enter text") },
    keyboardOptions = KeyboardOptions(
        capitalization = KeyboardCapitalization.Characters,
        keyboardType = KeyboardType.Email,
        autoCorrect = true,
        imeAction = ImeAction.Search
```

```
),
keyboardActions = KeyboardActions(onSearch = {
    Toast.makeText(context, "朱江: ${text.value}", Toast.LENGTH_SHORT).show()
}),
textStyle = TextStyle(color = Color.Blue, fontWeight = FontWeight.Bold),
modifier = Modifier.padding(20.dp)
)
```

由于刚才设置的 `ImeAction` 为 `ImeAction.Search`，所以在 `KeyboardActions` 中我们需要执行对应的 `onSearch` 回调方法。这里有一点需要注意，在 `onSearch` 回调中弹了一个 `Toast`（吐司）。大家都知道 `Context` 在 Android 中非常重要，很多地方需要用到它。在 Compose 中我们可以通过 `LocalContext.current` 来获取 `Context`，大家以后就可以这样获取 `Context` 来进行使用。来看看运行结果，如图 3-25 所示。

图 3-25　给 TextField 设置 KeyboardActions

3.4　Compose 中的"Button"

按钮在任何情况下都非常重要，我们日常使用的软件中都少不了它，本节将和大家一起学习 Compose 中的"Button"。

3.4.1 创建 Button

在 Compose 中按钮的名字和 Android View 中一样都是 Button。先来看看 Button 怎样创建：

```kotlin
@Composable
fun ButtonTest() {
    Button(onClick = {
        // 点击事件
    }) {
        // 控件：这里设置一个 Text
        Text("按钮")
    }
}
```

简单解释一下上面的代码：首先通过 LocalContext.current 获取 Context，然后构建一个 Button，在 Button 的参数中设置了点击事件和按钮中显示的控件。这里需要注意，点击事件和按钮中的控件都是必须设置的，你可以不写具体实现，但必须设置，否则这个按钮就没有任何意义了。

接下来通过 Preview 来预览 Button 的效果，如图 3-26 所示。

图 3-26 Button

由于纸书中无法显示动图，所以这里就不展示了，大家可以下载随书代码，然后在本地直接运行查看按钮的点击效果。

3.4.2 Button 源码解析

上一节介绍了在 Compose 中如何创建一个 Button，本节解析 Button 的源码，如下所示：

```kotlin
@Composable
fun Button(
    onClick: () -> Unit, // 点击事件
    modifier: Modifier = Modifier, // 修饰符
    enabled: Boolean = true, // 是否可点击
    interactionSource: MutableInteractionSource = remember { MutableInteractionSource() },
    elevation: ButtonElevation? = ButtonDefaults.elevation(), // 用于解析此按钮在不同状态下的高度
                                                              // 这可以控制按钮下方阴影的大小
    shape: Shape = MaterialTheme.shapes.small, // 定义按钮的形状及其阴影（详见 3.1.4 节）
    border: BorderStroke? = null, // 边框
    colors: ButtonColors = ButtonDefaults.buttonColors(), // 按钮在不同状态下的背景颜色和内容颜色
    contentPadding: PaddingValues = ButtonDefaults.ContentPadding, // 内边距
```

```
    content: @Composable RowScope.() -> Unit
)
```

可以看到，Button 的参数相对于 Text 和 TextField 来说比较少，而且有些参数之前讲过，这里就不赘述了，下面看看 Button 中陌生的参数。

1. onClick

onClick 参数的类型是一个函数对象，从名字可以看出这是点击事件。该参数不允许为空，按钮如果没有点击事件，就没有任何意义了。

2. enabled

enabled 的作用是控制按钮的启用状态，其类型为 Boolean，如果为 true，按钮可以正常点击，反之，按钮将不可点击。

3. interactionSource

interactionSource 表示此按钮的交互流，其类型为 MutableInteractionSource，如果要观察交互并自定义此按钮在不同交互中的外观、行为，则可以创建并传递按钮记住的 MutableInteractionSource。

4. elevation

elevation 用于解析此按钮在不同状态下的高度，其类型为 ButtonElevation，它还可以控制按钮下方阴影的大小。之前没有遇到过 ButtonElevation，下面看看它的源码：

```
@Stable
interface ButtonElevation {
    /**
     * 表示按钮中使用的标准高度，具体取决于 enabled 和 interactionSource
     *
     * @param 该按钮是否启用
     * @param 该按钮的 InteractionSource
     */
    @Composable
    fun elevation(enabled: Boolean, interactionSource: InteractionSource): State<Dp>
}
```

我们发现 ButtonElevation 并不是一个类，而是一个接口，如果想修改按钮的高度，就需要实现该接口来进行修改。elevation 的默认值是 ButtonDefaults.elevation()，它的实现如下：

```
@Composable
fun elevation(
    defaultElevation: Dp = 2.dp, // 启用按钮时的默认高度
    pressedElevation: Dp = 8.dp, // 启用并按下按钮时的高度
    disabledElevation: Dp = 0.dp // 禁用按钮时的高度
): ButtonElevation {
    return remember(defaultElevation, pressedElevation, disabledElevation) {
```

```
        DefaultButtonElevation(
            defaultElevation = defaultElevation,
            pressedElevation = pressedElevation,
            disabledElevation = disabledElevation
        )
    }
}
```

这里就不深究 DefaultButtonElevation 实现 ButtonElevation 接口的代码了。可以看到 ButtonDefaults.elevation 返回的是 ButtonElevation，而且 elevation 中可以接收一些参数（参数的作用见上面代码中的注释）。对于要使用 elevation 的情况，也可以使用 ButtonDefaults.elevation，只需要配置具体情况的高度即可。来看一个使用案例：

```
Button(
    onClick = {
        // 点击事件
    },
    elevation = ButtonDefaults.elevation(3.dp, 7.dp, 0.dp)
) {
    Text("按钮")
}
```

5. border

border 参数的类型为 BorderStroke，默认值为 null，它可以用来绘制按钮的边框。border 的使用方法如下：

```
Button(
    onClick = {
        // 点击事件
    },
    border = BorderStroke(5.dp, Color.Yellow)
) {
    Text("按钮")
}
```

我们给按钮添加了一个黄色的宽为 5dp 的边框，预览效果如图 3-27 所示。

图 3-27 带边框的按钮（另见彩插）

6. shape

3.1 节讲过 shape，这里就不对它的作用做过多描述了。shape 在按钮中用处非常大，之前在

Android View 中如果想给一个 Button 加 shape 的话特别麻烦，而且有可能因为一丁点儿变化就需要再写一个 shape，但是在 Compose 的 Button 中完全不需要这样。下面我们修改一下 Button 的 shape：

```
Button(
    onClick = {
        // 点击事件
    },
    shape = RoundedCornerShape(10.dp)
) {
    Text("按钮")
}
```

我们给 Button 设置了 10dp 的圆角，预览效果如图 3-28 所示。

图 3-28　使用 shape 的 Button

7. colors

顾名思义，colors 就是用来设置按钮在不同状态下的颜色的。colors 参数的类型是 ButtonColors，而 ButtonColors 是一个接口，这里不会深究 ButtonColors 的实现。Button 中 colors 的默认值是 ButtonDefaults.buttonColors()。buttonColors 的代码如下：

```
@Composable
fun buttonColors(
    backgroundColor: Color = MaterialTheme.colors.primary, // 背景颜色
    contentColor: Color = contentColorFor(backgroundColor), // 内容颜色
    disabledBackgroundColor: Color = MaterialTheme.colors.onSurface.copy(alpha = 0.12f)
        .compositeOver(MaterialTheme.colors.surface), // 未启用时的背景颜色
    disabledContentColor: Color = MaterialTheme.colors.onSurface
        .copy(alpha = ContentAlpha.disabled) // 未启用时的内容颜色
): ButtonColors = DefaultButtonColors(
    backgroundColor = backgroundColor,
    contentColor = contentColor,
    disabledBackgroundColor = disabledBackgroundColor,
    disabledContentColor = disabledContentColor
)
```

这里同 elevation 一样，我们具体使用的时候使用系统默认的方法即可，只需要传入需要修改的值。来看看 colors 的具体使用案例：

```
Button(
    onClick = {
        showToast(context, "点击按钮")
    },
```

```
    colors = ButtonDefaults.buttonColors(
        backgroundColor = Color.Red,
        contentColor = Color.Green,
        disabledBackgroundColor = Color.Yellow,
        disabledContentColor = Color.Magenta
    )
) {
    Text("按钮")
}
```

8. contentPadding

contentPadding 参数的类型为 PaddingValues，意思是容器和控件之间应用的间距值。PaddingValues 也是一个接口。Button 中 contentPadding 的默认值为 ButtonDefaults.ContentPadding。ButtonDefaults.ContentPadding 的实现代码如下：

```
object ButtonDefaults {
    private val ButtonHorizontalPadding = 16.dp
    private val ButtonVerticalPadding = 8.dp

    // 默认内边距
    val ContentPadding = PaddingValues(
        start = ButtonHorizontalPadding, // 开始
        top = ButtonVerticalPadding, // 头部
        end = ButtonHorizontalPadding, // 结束
        bottom = ButtonVerticalPadding // 底部
    )
}
```

可以看到 Button 中内边距都有默认值，start 和 end 的默认内边距为 16dp，top 和 bottom 的默认内边距为 8dp。使用的时候如果需要修改，直接使用 PaddingValues 方法设置相应的内边距即可。Compose 为我们提供了几种设置内边距的方法，如下所示：

```
// start、top、end、bottom 都使用 all
@Stable
fun PaddingValues(all: Dp): PaddingValues = PaddingValuesImpl(all, all, all, all)

// start 和 end 使用 horizontal，top 和 bottom 使用 vertical
@Stable
fun PaddingValues(horizontal: Dp, vertical: Dp): PaddingValues =
    PaddingValuesImpl(horizontal, vertical, horizontal, vertical)

// start、top、end、bottom 使用对应的值
@Stable
fun PaddingValues(
    start: Dp = 0.dp,
    top: Dp = 0.dp,
    end: Dp = 0.dp,
    bottom: Dp = 0.dp
): PaddingValues = PaddingValuesImpl(start, top, end, bottom)
```

以上几种设置内边距的方法大家可以按需使用。下面来看使用案例：

```
Button(
    onClick = {
        showToast(context, "点击按钮")
    },
    contentPadding = PaddingValues(5.dp)
) {
    Text("按钮")
}
```

3.5　Compose 中的"ImageView"

图片可以更加生动地展示应用程序的相关信息，是软件中不可或缺的一部分，Compose 也不例外。本节将带大家学习 Compose 中的"ImageView"。

3.5.1　简单显示

在 Android View 中我们使用 ImageView 展示图片，而在 Compose 我们使用 Image 展示图片。来看看使用案例：

```
@Composable
fun ImageTest() {
    Image(painter = painterResource(R.drawable.ic_launcher_background), "描述")
}
```

上面的代码使用 painterResource 方法传入了图片资源，然后添加了文字描述。实现非常简单，预览效果如图 3-29 所示。

图 3-29　Image 的简单使用

下面看看 Image 的源码，了解它的更多使用方法：

```
@Composable
fun Image(
    bitmap: ImageBitmap,
```

```
    contentDescription: String?, // 辅助功能服务用来描述此图片所代表的文本
    modifier: Modifier = Modifier, // 修饰符
    alignment: Alignment = Alignment.Center, // 可选的对齐参数
    contentScale: ContentScale = ContentScale.Fit, // 如果边界的大小与 ImageBitmap 的固有大小不同
                                                    // 则使用可选的 scale 参数来确定要使用的纵横比缩放
    alpha: Float = DefaultAlpha, // 透明度
    colorFilter: ColorFilter? = null // 用于修改 Paint 上绘制的每个像素颜色的效果
)
@Composable
fun Image(
    painter: Painter,
    contentDescription: String?,
    modifier: Modifier = Modifier,
    alignment: Alignment = Alignment.Center,
    contentScale: ContentScale = ContentScale.Fit,
    alpha: Float = DefaultAlpha,
    colorFilter: ColorFilter? = null
)
```

从 `Image` 的源码可以看到它有几个重载方法，这几个方法除第一个参数不同外，其他参数都一样。我们重点看看第一个参数的类型。

1. ImageBitmap

`bitmap` 参数的类型为 `ImageBitmap`，注意不是 `Bitmap`，这是 Compose 中特有的类，使用的时候可以通过 `Bitmap` 的扩展方法 `asImageBitmap` 将 `Bitmap` 转成 `Image` 中需要的 `ImageBitmap`。来看看使用案例：

```
@Composable
fun ImageTest() {
    val bitmap = BitmapFactory.decodeFile("图片路径")
    Image(bitmap = bitmap.asImageBitmap(),"图片描述")
}
```

2. Painter

`painter` 参数的类型为 `Painter`，`Painter` 是一个抽象类，有 3 个子类，如图 3-30 所示，其中最常用的是 `BitmapPainter`。

图 3-30　Painter 子类

由于直接使用 `BitmapPainter` 有些复杂，所以 Compose 为我们封装好了方法来生成 `Painter`，上面例子中调用的 `painterResource` 就是 Google 官方为我们封装好的方法。我们使用的时候只需要传入资源 id 即可。

3.5.2 设置图片样式

上一节中我们简单使用了 Image,本节将带大家设置图片的一些样式。Image 控件中还有几个参数没有使用,下面来看看怎么使用且各有什么效果。

1. alignment

alignment 是可选的对齐参数,其类型为 Alignment,用于将 Image 放置在由宽度和高度定义的范围内。其使用方法如下:

```
Image(
    painter = painterResource(R.drawable.ic_launcher_background),
    contentDescription = "描述", alignment = Alignment.Center,
)
```

Alignment 通常用于定义父布局中子布局的对齐方式,下一章会详细介绍,本章简单了解即可。

2. contentScale

contentScale 用来设置横纵缩放比,其类型为 ContentScale。如果边界大小与 Image 的固有大小不同,则使用可选的 scale 参数来确定要使用的横纵缩放比。这里 Image 的默认值为 ContentScale.Fit,意思是保持原图片的宽高比。ContentScale 还有其他类型,如下所示:

```
@Stable
interface ContentScale {

    // 计算比例因子以相互独立地应用于水平轴和垂直轴,以使源与给定的目标适配
    fun computeScaleFactor(srcSize: Size, dstSize: Size): ScaleFactor

    companion object {

        // 保持图片的宽高比,以使图片的宽度和高度都等于或大于目标的相应尺寸
        @Stable
        val Crop

        // 保持图片的宽高比,以使图片的宽度和高度都等于或小于目标的相应尺寸
        @Stable
        val Fit

        // 缩放图片,并保持宽高比,以使边界与目标高度匹配。如果高度大于宽度,则可以覆盖比目标更大的区域
        @Stable
        val FillHeight

        // 缩放图片,并保持宽高比,以使边界与目标宽度匹配。如果宽度大于高度,则可以覆盖比目标更大的区域
        @Stable
        val FillWidth

        // 如果图片大于目标,则缩放图片将宽高比保持在目标范围内
        // 如果源在两个维度上均小于或等于目标,则其行为类似于[无]。这将始终包含在目标范围内
        @Stable
        val Inside
```

```
            // 不对图片进行任何缩放
            @Stable
            val None = FixedScale(1.0f)

            // 横向和纵向不均匀缩放以填充目标范围
            @Stable
            val FillBounds
        }
    }
```

上面列出了 ContentScale 中的所有类型，并且解释了用途，大家可以根据项目需求来选择使用。

3. alpha

alpha 是图片的透明度，其类型为 Float。Image 中 alpha 的默认值是 DefaultAlpha，DefaultAlpha 的含义如下：

```
const val DefaultAlpha: Float = 1.0f
```

可以看到 DefaultAlpha 是一个常量，值为 1.0f，将使图片完全不透明。如果需要设置完全透明，将 alpha 值改为 0 即可。来看看下面的例子：

```
Box(modifier = Modifier.background(color = Color.Yellow)) { // Box 类似于 FlameLayout
    Text("哈哈哈")
    Image(
        painter = painterResource(R.drawable.ic_launcher_background),
        contentDescription = "描述", alpha = 1f
    )
}
```

上面的例子中在 Image 外面包裹了一层 Box（类似于 Android View 中的帧布局），并加了一个 Text，这里的 alpha 值先不修改，刷新后预览效果，如图 3-31 所示。

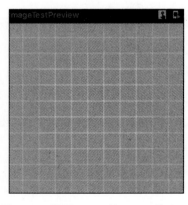

图 3-31　设置 Image 的 alpha 值为 1f

可以看到 alpha 值为 1f 的时候只能看到图片。我们再把 alpha 值修改为 0.5f：

```
Box(modifier = Modifier.background(color = Color.Yellow)) {
    Text("哈哈哈")
    Image(
        painter = painterResource(R.drawable.ic_launcher_background),
        contentDescription = "描述", alpha = 0.5f
    )
}
```

修改完成之后预览效果，如图 3-32 所示。

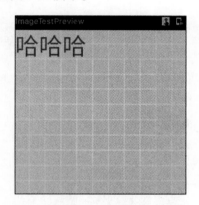

图 3-32　设置 Image 的 alpha 值为 0.5f

当将 alpha 值修改为 0.5f 的时候可以看到 Image 下面的 Text 控件了。大家可以根据实际的项目需求来选择是否使用 alpha。

4. colorFilter

colorFilter 供在屏幕上呈现 Image 时使用，其类型为 ColorFilter，既可以对 Image 进行着色，也可以为 Image 设置颜色矩阵，还可以为 Image 创建简单的照明效果。ColorFilter 的源码如下：

```
@Immutable
class ColorFilter internal constructor(internal val nativeColorFilter: NativeColorFilter) {
    companion object {
        // 创建一个颜色滤镜，该滤镜作为第二个参数给出的混合模式
        // 源颜色是第一个参数指定的颜色，目标颜色是来自要合成的图层颜色
        @Stable
        fun tint(color: Color, blendMode: BlendMode = BlendMode.SrcIn): ColorFilter =
            actualTintColorFilter(color, blendMode)

        // 创建一个 ColorFilter 以通过 4×5 颜色矩阵转换颜色
        // 该滤镜可用于更改像素的饱和度，从 YUV 转换为 RGB 等
        @Stable
        fun colorMatrix(colorMatrix: ColorMatrix): ColorFilter =
            actualColorMatrixColorFilter(colorMatrix)
```

```
// 创建可用于模拟简单照明效果的 ColorFilter
// ColorFilter 由两个参数定义,一个参数用于乘以源颜色,另一个参数用于添加至源颜色
@Stable
fun lighting(multiply: Color, add: Color): ColorFilter =
    actualLightingColorFilter(multiply, add)
}
}
```

可以看到 ColorFilter 的伴生对象中有 3 个方法,方法的使用场景见代码注释。下面来看一个例子:

```
Image(
    painter = painterResource(R.drawable.ic_launcher_background),
    contentDescription = "描述", colorFilter = ColorFilter.tint(Color.Red)
)
```

上面的例子将 colorFilter 设置为 ColorFilter.tint(Color.Red),为图片创建了一个红色滤镜,预览效果如图 3-33 所示。

图 3-33　为 Image 设置 colorFilter(另见彩插)

可以看到图片着色为了红色。大家可以根据实际项目需求来设置 ColorFilter。

3.5.3　显示网络图片

关于 Compose 中的图片前面介绍了很多,但是没有讲如何显示网络图片。在 Android View 中想要显示一张网络图片从来都不简单,从最开始的自己写网络请求到后面的直接使用 Glide;而在 Compose 中显示网络图片变得异常简单。

不过在这之前需要添加一个依赖:

```
Implementation "dev.chrisbanes.accompanist:accompanist-coil:0.6.2"
```

coil 是一个很新的一个图片加载库,完全使用 Kotlin 编写,使用了 Kotlin 的协程,图片网络

请求方式默认为 OkHttp。其特点如下：足够快速，它在内存、图片存储、图片采样、Bitmap 重用、暂停/取消下载等细节方面都做了大幅优化；足够轻量，只有大概 1500 个核心方法，当然，这也是相对于 PGF 而言的；足够新，也足够现代，使用了最新的 Koltin 协程编写，充分发挥了 CPU 的性能，同时也使用了 OkHttp、Okio、LifeCycle 等比较新式的 Android 库；最为重要的是，coil 还支持 Compose，里面实现了网络图片的可组合项。其使用方法如下：

```
CoilImage(
    data = "https://img0.baidu.com/it/u=3155998395,3600507640&fm=26&fmt=auto&gp=0.jpg",
    contentDescription = null
)
```

可以看到 CoilImage 的使用方法很简单，只需要传入图片地址即可。由于网络图片无法通过预览查看，所以在虚拟机上运行，效果如图 3-34 所示。

图 3-34　使用 CoilImage 加载网络图片

相对于之前在 Android View 中加载网络图片，Compose 中加载图片简直太方便了。CoilImage 的源码如下：

```
@Composable
fun CoilImage(
    data: Any, // 图片地址
    contentDescription: String?, // 描述图片的文本
    modifier: Modifier = Modifier, // 修饰符
```

```
alignment: Alignment = Alignment.Center, // 对齐参数
contentScale: ContentScale = ContentScale.Fit, // 缩放比
colorFilter: ColorFilter? = null, // 用于修改 Paint 上绘制的每个像素颜色的效果
fadeIn: Boolean = false, // 成功加载图片后是否运行淡入动画
requestBuilder: (ImageRequest.Builder.(size: IntSize) -> ImageRequest.Builder)? = null,
                                                       // [ImageRequest]的可选生成器
imageLoader: ImageLoader = CoilImageDefaults.defaultImageLoader(),
// 请求图片时使用的[ImageLoader]。默认为[CoilImageDefaults.defaultImageLoader]
shouldRefetchOnSizeChange: (currentResult: ImageLoadState, size: IntSize) -> Boolean =
    DefaultRefetchOnSizeChangeLambda, // 大小更改时将调用的 Lambda, 允许可选地重新获取图片
                          // 返回 true 以重新获取图片
onRequestCompleted: (ImageLoadState) -> Unit = EmptyRequestCompleteLambda, // 加载请求完成后
                                                                     // 将调用的监听
error: @Composable (BoxScope.(ImageLoadState.Error) -> Unit)? = null, // 加载错误时需要显示的控件
loading: @Composable (BoxScope.() -> Unit)? = null, // 加载图片过程中需要显示的控件
)
```

具体含义见上面代码中的注释。CoilImage 非常强大，能帮助我们做许多事，例如设置加载错误时需要显示的控件、加载图片过程中需要显示的控件等，大家可以根据实际需求来选择参数修改并使用。

3.6　Compose 中的 "ProgressBar"

进度条的应用场景有很多，比如在用户登录的时候，后台向服务器发送请求后，等待服务器返回信息，这时就会用到进度条；或者在进行一些比较耗时的操作时，可能会等待较长时间，这时如果没有进度条，用户可能会以为程序崩溃或者死机了，这将会大大降低用户体验。所以在需要进行耗时操作的地方添加进度条，可以极大地提升用户体验。说了这么多进度条的好处，快来看看在 Compose 中应该如何使用它。

3.6.1　使用圆形进度条

首先看看在 Compose 中怎样使用圆形进度条：

```
@Composable
fun ProgressTest() {
    Row(
        modifier = Modifier.fillMaxSize(),
        horizontalArrangement = Arrangement.Center,
        verticalAlignment = Alignment.CenterVertically,
    ) {
        CircularProgressIndicator()
    }
}
```

简单看看上面的代码。为了将进度条显示在屏幕中央，我们使用了 Row（横向线性布局，下一章会讲到），而圆形进度条仅一行代码：CircularProgressIndicator()。没错，在 Compose 中

使用圆形进度条只需一行代码就能搞定。代码运行结果如图 3-35 所示。

图 3-35　圆形进度条

大家可能会有疑问，这里为什么不使用 Preview 来进行预览呢？因为直接调用 CircularProgress-Indicator 的话它是一个动态的图，使用 Preview 虽然也可以进行预览，但是会很卡顿，就像图 3-36 一样，看不出显示效果。

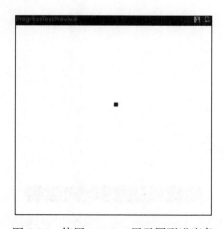

图 3-36　使用 Preview 展示圆形进度条

接下来看看 CircularProgressIndicator 的源码：

```
@Composable
fun CircularProgressIndicator(
    modifier: Modifier = Modifier, // 修饰符
    color: Color = MaterialTheme.colors.primary, // 进度条颜色
    strokeWidth: Dp = ProgressIndicatorDefaults.StrokeWidth // 进度条宽度
)
```

可以看到 CircularProgressIndicator 有 3 个参数，除修饰符外，还可以设置进度条的颜色和宽度，示例如下：

```
CircularProgressIndicator(
    modifier = Modifier.size(80.dp),
    color = Color.Red,
    strokeWidth = 10.dp
)
```

我们将 CircularProgressIndicator 的颜色设置为红色，宽度设置为 10dp，大小设置为 80dp。再来运行代码看看效果，如图 3-37 所示。

图 3-37　圆形进度条参数设置（另见彩插）

有没有注意到少了点什么？没错，我们不能直接设置进度！在 CircularProgressIndicator 的参数中也没有可以设置进度的参数，这该怎么办呢？没关系，Compose 为我们提供了一个可以设置进度的 CircularProgressIndicator，它的源码如下：

```
@Composable
fun CircularProgressIndicator(
    progress: Float,
    modifier: Modifier = Modifier,
    color: Color = MaterialTheme.colors.primary,
    strokeWidth: Dp = ProgressIndicatorDefaults.StrokeWidth
)
```

除了比刚才的 CircularProgressIndicator 多了一个 progress 参数外，别的参数一模一样，下面就来看看这个参数。它的类型是 Float，设置为 0.0 表示没有进度，1.0 表示已完成进度，超出此范围的值将强制进入该范围。下面使用可以设置进度的 CircularProgressIndicator：

```
CircularProgressIndicator(
    progress = 0.65f,
    modifier = Modifier.size(80.dp),
    color = Color.Red,
    strokeWidth = 10.dp
)
```

这段代码将 progress 设置为 0.65f，其他设置和刚才一致。这里需要注意，可以设置进度的 CircularProgressIndicator 是没有动画的，所以可以使用 Preview 进行预览，效果如图 3-38 所示。

图 3-38　给圆形进度条设置进度参数

3.6.2　使用条形进度条

条形进度条的使用方法和圆形进度条的基本一致，来看使用案例：

```
Row(
    modifier = Modifier.fillMaxSize(),
    horizontalArrangement = Arrangement.Center,
    verticalAlignment = Alignment.CenterVertically,
) {
    LinearProgressIndicator()
}
```

条形进度条的名字为 `LinearProgressIndicator`。同样，条形进度条在不设置具体进度的时候也是动态的，所以这里也需要运行代码才能看到效果，如图 3-39 所示。

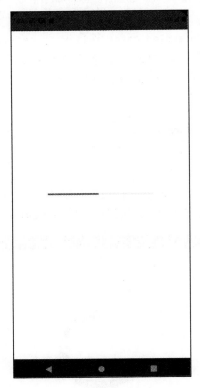

图 3-39　条形进度条

`LinearProgressIndicator` 的源码如下：

```
@Composable
fun LinearProgressIndicator(
    modifier: Modifier = Modifier,
    color: Color = MaterialTheme.colors.primary,
    backgroundColor: Color = color.copy(alpha = IndicatorBackgroundOpacity)
)
```

可以看到 `LinearProgressIndicator` 也只有 3 个参数，除修饰符外，还有进度条颜色和背景颜色，示例如下：

```
LinearProgressIndicator(
    color = Color.Red,
    backgroundColor = Color.Yellow
)
```

这里我们将进度条颜色设置为红色，背景颜色设置为黄色，再来运行看看效果，如图 3-40 所示。

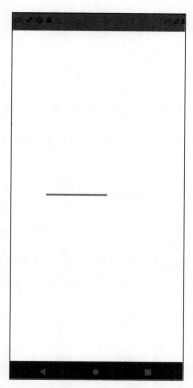

图 3-40　条形进度条参数设置（另见彩插）

下面看看怎样给条形进度条设置具体进度：

```
LinearProgressIndicator(
    progress = 0.65f,
    color = Color.Red,
    backgroundColor = Color.Yellow
)
```

我们将进度也设置为 0.65f。同样，在 LinearProgressIndicator 中设置了具体进度之后也会变为静态的，这时可以通过 Preview 看看效果，如图 3-41 所示。

图 3-41　给条形进度条设置具体进度（另见彩插）

大家在日常开发过程中可以根据需求选择是使用圆形进度条还是条形进度条，然后根据对应参数进行设置。

3.7　小结

哇，本章终于学完了，内容非常多，涉及 Compose 中的简单控件及其使用方法。

虽然我们现在基本学会了 Compose 中的简单控件，但还是无法编写需要的页面，因为还没有学习布局相关的知识，下一章将带领大家学习 Compose 中的各种布局。

整理好行囊，背起背包，一起出发吧！

第 4 章

了解 Compose 的布局

学完前几章的内容后，大家应该对 Compose 有了基本的认识。本章带领大家了解 Compose 中的各种布局。

本章主要内容有：

- 使用 Compose 中的布局，比如线性布局（包括竖向线性布局 Column 和横向线性布局 Row）、帧布局 Box 和约束布局 ConstraintLayout；
- 了解 Compose 中的修饰符 Modifier；
- 使用 Compose 中的脚手架 Scaffold。

Compose 中的布局和 Android View 中的布局基本对应，线性布局、帧布局和约束布局在 Compose 中都有，快来一起学习吧！

4.1 竖向线性布局——Column

本节主要介绍 Compose 中的竖向线性布局。线性布局就是按照一条线一样来排列，竖向线性布局就是在屏幕上垂直排列控件。图 4-1 展示了竖向线性布局的排列方式。竖向线性布局在开发中非常常见，赶快开始吧！

图 4-1 竖向线性布局排列方式

4.1.1　Android View 中的竖向线性布局

说起线性布局，大家肯定都非常熟悉，因为平时的开发中离不开它。在 Android View 中，线性布局是 LinearLayout，使用起来非常简单。下面先来回顾其使用方法：

```xml
<LinearLayout xmlns:android="http://schemas.android.com/apk/res/android"
    android:orientation="vertical"
    android:layout_width="match_parent"
    android:layout_height="match_parent">

    <TextView
        android:layout_width="wrap_content"
        android:layout_height="wrap_content"
        android:text="One"/>

    <TextView
        android:layout_width="wrap_content"
        android:layout_height="wrap_content"
        android:text="Two"/>

    <TextView
        android:layout_width="wrap_content"
        android:layout_height="wrap_content"
        android:text="Three"/>

</LinearLayout>
```

在上面的代码中，我们在 LinearLayout 中添加了 3 个 TextView，并指定排列方向为 vertical。运行代码，效果如图 4-2 所示。

图 4-2　LinearLayout 样例

上面的样例就是我们平时使用线性布局的方式，但是在 Compose 中与之完全不同。

4.1.2 Compose 中的竖向线性布局

如前所述，Compose 中页面是不用写 XML 文件的，而是直接写代码，那么在 Compose 中怎么实现上面这样的布局效果呢？先来看实现代码：

```
Column(
    Modifier = Modifier.fillMaxSize(),
    verticalArrangement = Arrangement.Center,
    horizontalAlignment = Alignment.CenterHorizontally,
) {
    Text("One")
    Text("Two")
    Text("Three")
}
```

可以看到，Compose 写的线性布局代码非常简单，加上括号也不到 10 行。下面简单分析一下上面的代码：最外面使用 Compose 中的竖向线性布局 Column 包裹代码，里面包裹着 3 个 Text，并在 Column 中设置水平方向和垂直方向子控件都居中，这就和上面 LinearLayout 中的代码意思一样了。再来运行看看，效果如图 4-3 所示。

图 4-3　Column 样例

可以看到，Column 的运行结果和 LinearLayout 基本一样，只是默认字号大小不同。

4.1.3 Column 源码解析

接下来看看 Column 的源码:

```
@Composable
inline fun Column(
    modifier: Modifier = Modifier,
    verticalArrangement: Arrangement.Vertical = Arrangement.Top,
    horizontalAlignment: Alignment.Horizontal = Alignment.Start,
    content: @Composable ColumnScope.() -> Unit
) {
    val measurePolicy = columnMeasurePolicy(verticalArrangement, horizontalAlignment)
    Layout(
        content = { ColumnScope.content() },
        measurePolicy = measurePolicy,
        modifier = modifier
    )
}
```

下面逐行分析代码。第一行是注解,Compose 的控件都必须加上 Composable 注解,这里就不赘述了。接下来看方法体,我们发现这个方法前有 inline 关键字,表示这个函数为内联函数。inline 的工作原理就是将内联函数的函数体复制到调用处实现内联,提高了代码的运行效率。下面看看该方法的参数。

- modifier:这个参数非常重要,在之后的 Compose 开发过程中会经常遇到,后面的章节会详细介绍。这里可以简单地将其理解为 Column 的修饰符。
- verticalArrangement:布局子控件的垂直排列方式,默认为 Arrangement.Top,也就是从上到下排列。
- horizontalAlignment:布局子控件的水平排列方式,默认为 Alignment.Start,也就是从左到右排列。
- content:Column 中的子控件,这里不做过多描述。

上面的参数介绍完之后,大家应该已经会简单地使用 Column 了,但是可能对 verticalArrangement 和 horizontalAlignment 这两个参数的使用有点儿疑惑,别担心,下面详细介绍这两个参数。

1. verticalArrangement

verticalArrangement 参数的类型为 Arrangement.Vertical,上面也提到了,它表示布局子控件的垂直排列方式,默认值是 Arrangement.Top。前面我们为了把控件放在屏幕中央,将其值改为了 Arrangement.Center。现在问题来了,verticalArrangement 可以设置为哪些值呢?目前我们知道这个参数的类型为 Arrangement.Vertical,下面一步一步来,先看看 Arrangement 是什么:

```
@Immutable
object Arrangement {
```

```
@Immutable
interface Horizontal {

    val spacing get() = 0.dp

    fun Density.arrange(
        totalSize: Int,
        sizes: IntArray,
        layoutDirection: LayoutDirection,
        outPositions: IntArray
    )
}

@Immutable
interface Vertical {

    val spacing get() = 0.dp

    fun Density.arrange(
        totalSize: Int,
        sizes: IntArray,
        outPositions: IntArray
    )
}

@Immutable
interface HorizontalOrVertical : Horizontal, Vertical {
    override val spacing: Dp get() = 0.dp
}
```

从源码可以看到，Arrangement 是一个单例，并且用注解 Immutable 声明了不可变，然后里面定义了 3 个内部接口——Horizontal、Vertical 和 HorizontalOrVertical，顾名思义，分别是横向的、纵向的和横纵都能使用的。上面讲到 Column 的参数 verticalArrangement 类型为 Arrangement.Vertical，所以只要实现了 Arrangement.Vertical 接口的类都可以作为 verticalArrangement 的参数。再仔细看看代码，HorizontalOrVertical 接口继承自 Horizontal 和 Vertical，那么实现了 HorizontalOrVertical 接口的类也可以作为 verticalArrangement 的参数来使用，如下所示：

```
@Stable
val Top = object : Vertical {}

@Stable
val Bottom = object : Vertical {}

@Stable
val Center = object : HorizontalOrVertical {}

@Stable
val SpaceEvenly = object : HorizontalOrVertical {}
```

```
@Stable
val SpaceBetween = object : HorizontalOrVertical {}

@Stable
val SpaceAround = object : HorizontalOrVertical {}

@Stable
fun spacedBy(space: Dp): HorizontalOrVertical =
    SpacedAligned(space, true, null)

@Stable
fun spacedBy(space: Dp, alignment: Alignment.Vertical): Vertical =
    SpacedAligned(space, false) { size, _ -> alignment.align(0, size) }
```

为了方便理解，上面的代码经过了删减，可以看到之前使用过的 Center 和 Top 都在其中，除此之外，还有 Bottom、SpaceEvenly、SpaceAround、SpaceBetween 和 spacedBy。Bottom 应该好理解，就不过多解释了，这里主要来看 SpaceEvenly、SpaceAround、SpaceBetween 和 spacedBy。SpaceEvenly、SpaceBetween 和 SpaceAround 这 3 个比较容易搞混，所以先来看这 3 个，下面是测试代码：

```
@Composable
fun ColumnTest() {
    Column(
        modifier = Modifier.fillMaxSize(),
        verticalArrangement = Arrangement.SpaceEvenly,
        horizontalAlignment = Alignment.Start,
    ) {
        DefaultText("1")
        DefaultText("2")
        DefaultText("3")
    }

    Column(
        modifier = Modifier.fillMaxSize(),
        verticalArrangement = Arrangement.SpaceAround,
        horizontalAlignment = Alignment.CenterHorizontally,
    ) {
        DefaultText("4")
        DefaultText("5")
        DefaultText("6")
    }

    Column(
        modifier = Modifier.fillMaxSize(),
        verticalArrangement = Arrangement.SpaceBetween,
        horizontalAlignment = Alignment.End,
    ) {
        DefaultText("7")
        DefaultText("8")
        DefaultText("9")
```

```
        }
    }
}
@Composable
fun DefaultText(text: String) {
    Text(
        text,
        modifier = Modifier.size(100.dp)
            .background(Color.Red),
        fontSize = 30.sp,
        textAlign = TextAlign.Center
    )
}
```

为了方便观看运行结果，上述代码定义了一个 DefaultText 的可组合项，在 Column 中都调用了 DefaultText，把容易搞混的 SpaceEvenly、SpaceAround 和 SpaceBetween 都用上了，不同的是里面的文字。我们将 horizontalAlignment 分别设置为 Alignment.Start、Alignment.CenterHorizontally 和 Alignment.End，将 3 个 Column 分别放在了页面的左、中、右 3 块。刷新后预览效果，如图 4-4 所示。

图 4-4　Arrangement 样例

其实将上面的代码和图 4-4 进行对比，就能知道 SpaceEvenly、SpaceAround 和 SpaceBetween 都有什么用了，这里总结一下。

- **SpaceEvenly**：子控件在 Column 中均匀分布。
- **SpaceAround**：子控件在 Column 中均匀分布，将屏幕三等分。
- **SpaceBetween**：子控件的间距均匀分布，第一个控件之前和最后一个控件之后没有可用空间。

好了，现在只剩 spacedBy 没有介绍了，它很简单，就是使相邻的两个子控件隔开固定的距离。不能光说不练，下面举个例子：

```
Column(
    modifier = Modifier.fillMaxSize(),
    verticalArrangement = Arrangement.spacedBy(20.dp),
    horizontalAlignment = Alignment.CenterHorizontally,
) {
    DefaultText("13")
    DefaultText("14")
    DefaultText("15")
}
```

上述代码改动不大，只是将 verticalArrangement 参数改为了 Arrangement.spacedBy(20.dp)，即将间距设置为 20dp，效果如图 4-5 所示。

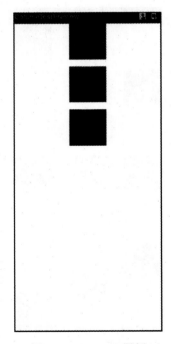

图 4-5　spacedBy 样例

2. horizontalAlignment

horizontalAlignment 参数的类型为 Alignment.Horizontal。其实非常好理解，一个 Column

中不可能只需要控制纵向的子控件排列，横向的当然也需要。上面的代码中我们其实使用过 horizontalAlignment，比如图 4-4。但是从源码的角度理解，却和 verticalArrangement 有点儿不同。前面已经看过 verticalArrangement 的源码了，接下来看看 horizontalAlignment 的源码：

```
@Immutable
fun interface Alignment {

    @Immutable
    fun interface Horizontal {}

    @Immutable
    fun interface Vertical {}

    companion object {
        // 1D Alignment.Horizontals.
        @Stable
        val Start: Horizontal = BiasAlignment.Horizontal(-1f)
        @Stable
        val CenterHorizontally: Horizontal = BiasAlignment.Horizontal(0f)
        @Stable
        val End: Horizontal = BiasAlignment.Horizontal(1f)
    }
}
```

其注解和 verticalArrangement 中的一样，这里就不赘述了。Alignment 是一个接口，但是 interface 关键字前面多了一个 fun 关键字，这是 Kotlin 1.4 的新特性，使用 fun 关键字标记接口后，只要将此类接口作为参数，就可以将 lambda 作为参数传递。接着往下看，我们发现 Alignment 和 Arrangement 有点儿类似，也有 Horizontal 和 Vertical 接口。由于 Alignment 是一个接口，所以新增了伴生对象，在里面添加 Horizontal 和 Vertical 的相关参数，这里只看 Horizontal，Start、CenterHorizontally 和 End 上面已经用过了，就不再重复了。

4.2 横向线性布局——Row

上一节讲了竖向线性布局 Column，本节来看横向线性布局 Row。横向线性布局和竖向线性布局很像，都属于线性布局，不同的是竖向线性布局在屏幕上垂直排列，而横向线性布局在屏幕上水平排列，如图 4-6 所示。

Row

图 4-6　Row 排列方式

4.2.1 简单上手

在 Android View 中，实现横向线性布局的也是 LinearLayout，只需要修改 orientation 就可以切换横向/纵向，但在 Compose 中横向和纵向是两个不同的控件，但又有很多相同之处。如果理解了上一节，本节学起来会很轻松。

先来看一个简单的例子：

```
Row(
    modifier = Modifier.fillMaxSize(),
    horizontalArrangement = Arrangement.Center,
    verticalAlignment = Alignment.CenterVertically,
) {
    Text("1",fontSize = 40.sp)
    Text("2",fontSize = 40.sp)
    Text("3",fontSize = 40.sp)
}
```

这里我们将横向和纵向都设置为居中，宽和高都设为最大，里面放了 3 个 Text，为了方便测试，给 Text 设置了字号大小。运行代码，结果如图 4-7 所示。

图 4-7　Row 样例

不出所料，就是居中的效果。

4.2.2 Row 源码解析

同 Column 一样,我们也来看看 Row 的源码:

```
@Composable
inline fun Row(
    modifier: Modifier = Modifier,
    horizontalArrangement: Arrangement.Horizontal = Arrangement.Start,
    verticalAlignment: Alignment.Vertical = Alignment.Top,
    content: @Composable RowScope.() -> Unit
) {
    val measurePolicy = rowMeasurePolicy(horizontalArrangement, verticalAlignment)
    Layout(
        content = { RowScope.content() },
        measurePolicy = measurePolicy,
        modifier = modifier
    )
}
```

- modifier:Row 的修饰符。
- horizontalArrangement:布局子控件的水平排列方式。
- verticalAlignment:布局子控件的垂直排列方式。
- content:Row 中的子控件,这里不做过多描述。

发现没有,Row 的参数和 Column 基本一样,意思当然也大同小异。4.1 节已经对 Arrangement 和 Alignment 做了详细描述,这里就不重复了。先来看一下 Row 的 horizontalArrangement:

```
@Stable
val Start = object : Horizontal {}

@Stable
val End = object : Horizontal {}
```

实现 Arrangement.Horizontal 接口的只有上面两个类,剩下的就是前面讲过的实现 Horizontal-OrVertical 接口的类了,HorizontalOrVertical 在 4.1 节中已经讲过,这里就不再重复了。

接下来看看 verticalAlignment:

```
@Immutable
fun interface Alignment {

    @Immutable
    fun interface Horizontal {}

    @Immutable
    fun interface Vertical {}

    companion object {
        // 1D Alignment.Verticals.
        @Stable
```

```
        val Top: Vertical = BiasAlignment.Vertical(-1f)
        @Stable
        val CenterVertically: Vertical = BiasAlignment.Vertical(0f)
        @Stable
        val Bottom: Vertical = BiasAlignment.Vertical(1f)
    }
}
```

verticalAlignment 和 Column 中的 horizontalAlignment 也类似。

至此，线性布局就基本告一段落了。大家只要记着横向的使用 Row，纵向的使用 Column，再根据不同的场景选择子控件的排列方式即可。

4.3 帧布局——Box

在 Android View 中帧布局为 FrameLayout，而在 Compose 中帧布局改为了 Box。帧布局是什么呢？它可以将控件进行堆叠，后面的子控件直接覆盖在前面的子控件之上，将前面子控件的部分或全部遮挡。图 4-8 展示了帧布局的排列方式。

图 4-8　Box 排列方式

4.3.1　Box 源码解析

使用 Box，我们可以将一个元素放在另一个元素上。这次先不写例子，先来看看 Box 的源码：

```
@Composable
inline fun Box(
    modifier: Modifier = Modifier,
    contentAlignment: Alignment = Alignment.TopStart,
    propagateMinConstraints: Boolean = false,
    content: @Composable BoxScope.() -> Unit
) {
    val measurePolicy = rememberBoxMeasurePolicy(contentAlignment, propagateMinConstraints)
    Layout(
        content = { BoxScope.content() },
        measurePolicy = measurePolicy,
```

```
        modifier = modifier
    )
}
```

可以看到，Box 中也有排列方式，之前 Column 和 Row 的排列方式是 Alignment.Horizontal 或 Alignment.Vertical，但这里限制为 Alignment。下面看看实现了 Alignment 接口的有哪些：

```
// 2D Alignments.
@Stable
val TopStart: Alignment = BiasAlignment(-1f, -1f)
@Stable
val TopCenter: Alignment = BiasAlignment(0f, -1f)
@Stable
val TopEnd: Alignment = BiasAlignment(1f, -1f)
@Stable
val CenterStart: Alignment = BiasAlignment(-1f, 0f)
@Stable
val Center: Alignment = BiasAlignment(0f, 0f)
@Stable
val CenterEnd: Alignment = BiasAlignment(1f, 0f)
@Stable
val BottomStart: Alignment = BiasAlignment(-1f, 1f)
@Stable
val BottomCenter: Alignment = BiasAlignment(0f, 1f)
@Stable
val BottomEnd: Alignment = BiasAlignment(1f, 1f)
```

看字面意思，分别为顶部开始、中间、结尾，中间开始、中间、结尾，底部开始、中间、结尾，但这只是猜测，稍后写个示例测试一下就清楚了。先来看看 Box 中我们不熟悉的参数。modifier 和 content 前面见过两回了，只有 propagateMinConstraints 没见过，它的意思是传入的最小约束是否应该传递给内容，其默认值是不传入。

4.3.2 Box 简单上手

好了，参数都了解了，接下来写示例：

```
Column(
    modifier = Modifier.fillMaxSize(),
    verticalArrangement = Arrangement.Center,
    horizontalAlignment = Alignment.CenterHorizontally,
) {
    Row {
        Box(
            contentAlignment = Alignment.TopStart,
            modifier = Modifier.size(100.dp).background(Color.Gray),
        ) {
            Text("1", fontSize = 20.sp)
        }
        Box(
            contentAlignment = Alignment.TopCenter,
            modifier = Modifier.size(100.dp).background(Color.Magenta),
```

```
            ) {
                Text("2", fontSize = 20.sp)
            }
            Box(
                contentAlignment = Alignment.TopEnd,
                modifier = Modifier.size(100.dp).background(Color.Cyan),
            ) {
                Text("3", fontSize = 20.sp)
            }
        }
        Row {
            Box(
                contentAlignment = Alignment.CenterStart,
                modifier = Modifier.size(100.dp).background(Color.DarkGray),
            ) {
                Text("4", fontSize = 20.sp)
            }
            Box(
                contentAlignment = Alignment.Center,
                modifier = Modifier.size(100.dp).background(Color.Green),
            ) {
                Text("5", fontSize = 20.sp)
            }
            Box(
                contentAlignment = Alignment.CenterEnd,
                modifier = Modifier.size(100.dp).background(Color.Red),
            ) {
                Text("6", fontSize = 20.sp)
            }
        }
        Row {
            Box(
                contentAlignment = Alignment.BottomStart,
                modifier = Modifier.size(100.dp).background(Color.Magenta),
            ) {
                Text("7", fontSize = 20.sp)
            }
            Box(
                contentAlignment = Alignment.BottomCenter,
                modifier = Modifier.size(100.dp).background(Color.Yellow),
            ) {
                Text("8", fontSize = 20.sp)
            }
            Box(
                contentAlignment = Alignment.BottomEnd,
                modifier = Modifier.size(100.dp).background(Color.Magenta),
            ) {
                Text("9", fontSize = 20.sp)
            }
        }
    }
}
```

这段代码有点儿长，并且用到了前面讲过的 Column 和 Row。但逻辑很简单，就是为了测试 Box 的 contentAlignment 参数，运行看看和我们预计的是否一致，效果如图 4-9 所示。

4.4 修饰符——Modifier   105

图 4-9 Box 效果展示（另见彩插）

结果和我们预计的一致，分别为顶部开始、中间、结尾，中间开始、中间、结尾，底部开始、中间、结尾。大家可以根据实际需求使用 Box。

4.4 修饰符——Modifier

大家对修饰符 Modifier 应该很熟悉了，前面 Column、Row 和 Box 的使用过程中都用到了修饰符。Google 官方对 Modifier 的描述为：一个有序的、不可变的修饰元素集合，用于给 Compose UI 元素添加装饰或者行为，例如 background、padding、点击事件等，或者给 Text 设置单行、给 Button 设置各种点击状态等行为。

Modifier 非常强大，你能想到的操作它基本上都可以实现，包括滚动、拖动、缩放等。一节不可能把它完全解释清楚，所以本节只会介绍几种常用的修饰符功能。

4.4.1 内边距 padding

上面讲过，修饰符 Modifier 可以修改内边距，也就是我们熟知的 padding。先来看看怎么为控件添加内边距：

```
Text("Zhujiang", modifier = Modifier.padding(55.dp))
```

可以看到使用 Modifier 来添加内边距，只需要调用 padding 方法并传入相应的 dp 值即可实现。下面看看 padding 源码中具体是怎么定义的：

```
@Stable
fun Modifier.padding(
    start: Dp = 0.dp,
    top: Dp = 0.dp,
    end: Dp = 0.dp,
    bottom: Dp = 0.dp
)

@Stable
fun Modifier.padding(
    horizontal: Dp = 0.dp,
    vertical: Dp = 0.dp
)

@Stable
fun Modifier.padding(all: Dp)
```

从上面的源码可以看到，padding 有多种设置方式，既可以单独设置一边的，也可以统一设置横向或纵向的，还可以统一设置所有的。上面的示例代码中使用的就是统一设置所有的，大家可以根据需求来设置。运行示例代码，效果如图 4-10 所示。

图 4-10　padding 效果展示

4.4.2 设置控件的尺寸

介绍完 padding，再来看看怎样设置尺寸。还记得之前是怎样设置尺寸的吗？下面一起来回顾一下：

```xml
<TextView
    android:layout_width="match_parent"
    android:layout_height="match_parent"
    android:text="One"/>

<TextView
    android:layout_width="wrap_content"
    android:layout_height="wrap_content"
    android:text="Two"/>

<TextView
    android:layout_width="100dp"
    android:layout_height="100dp"
    android:text="Three"/>
```

在 XML 布局文件中，一般有上面 3 种设置布局大小的方法：充满父布局、自适应大小和固定值。下面我们就按照 XML 布局中的思路来看看在 Compose 中应该怎样做。

首先，看看在 Compose 中怎样充满父布局：

```
Text("Zhujiang", modifier = Modifier.fillMaxSize())
```

是不是感觉代码很熟悉？没错，前面已经用过了。这时可能有人会问：这个是宽高都充满父布局，如果我想只充满宽或高，应该怎么办？简单！直接看代码：

```
Text("Zhujiang", modifier = Modifier.fillMaxWidth()) // 只充满宽
Text("Zhujiang", modifier = Modifier.fillMaxHeight()) // 只充满高
```

接下来，我们看看在 Compose 中怎样自适应大小。代码就不看了，因为当你什么都不做的时候，就是自适应大小。是不是很惊喜？哈哈哈。最后只剩固定值的设置了，其实现代码如下：

```
Text("Zhujiang", modifier = Modifier.size(100.dp)) // 宽高都为 100dp
Text("Zhujiang", modifier = Modifier.size(width = 100.dp, height = 110.dp)) // 宽为 100dp，高为 110dp
```

如果你希望将子布局的尺寸设置为与父 Box 相同，但不影响 Box 的尺寸，可以使用 matchParentSize 修饰符。

请注意，matchParentSize 仅在 Box 作用域内可用，这意味着它仅适用于 Box 可组合项的直接子项。

在下面的示例中，内部 Spacer 从其父 Box 获取自己的尺寸，而后者又从其包含的 Text 获取自己的尺寸：

```
Box {
    Spacer(Modifier.matchParentSize().background(Color.Red))
    Text("Zhujiang", fontSize = 30.sp)
}
```

运行代码，效果如图 4-11 所示。

图 4-11　matchParentSize 效果展示

4.4.3　Row 和 Column 中的 weight 修饰符

说起 weight，大家应该都很熟悉，在 Android View 线性布局中也经常使用，那么在 Compose 中该怎样实现呢？相关代码如下：

```
Row(Modifier.fillMaxSize().padding(top = 10.dp)) {
    Box(Modifier.weight(2f).height(50.dp).background(Color.Blue))
    Box(Modifier.weight(1f).height(50.dp).background(Color.Red))
}
```

和写 XML 类似，Compose 中也是直接使用 weight 来设置权重。在上面的代码中，除了使用 weight，我们还使用了 background，顾名思义，这是用来设置背景颜色的。废话不多说，来看看代码的运行结果，如图 4-12 所示。

图 4-12　weight 效果展示（另见彩插）

4.4.4　给控件添加点击事件

说起点击事件，大家首先想到的肯定是 setOnClickListener。没错，在 Android View 中，如果想要添加点击事件，都需要这样设置监听，但是在 Compose 中，Modifier 可以设置点击事件，也不需要再写 setOnClickListener 了，相关代码如下：

```
Modifier.size(50.dp).background(Color.Green).clickable {
    // 执行点击事件需要的操作
}
```

这里只需要添加 clickable，就可以实现点击事件，再也不需要像之前 XML 那样寻找控件的 ID，然后使用 setOnClickListener，再写匿名内部类来实现点击事件了。

4.4.5　给控件添加圆角

现在应用程序中的控件基本上都是圆角，在 Android View 中想要实现圆角比较麻烦，需要首先在 drawable 中创建 Shape 文件来描述圆角，然后在 XML 布局中将 Shape 设置为控件的背景。但在 Compose 中想要为控件实现圆角非常简单。

第 3 章介绍了在 Compose 中如何定义 Shape，这里不再赘述。在 Compose 中想要为控件设置圆角的话，通过 Modifier.shadow 即可实现。先来看看 Modifier.shadow 的源码：

```
@Stable
fun Modifier.shadow(
    elevation: Dp, // 阴影的高度
    shape: Shape = RectangleShape, // Shape
    clip: Boolean = elevation > 0.dp // 是否将内容图形裁剪到该形状
)
```

可以看到 shadow 也是 Modifier 的扩展方法，参数只有 3 个：第一个参数为 elevation，用于设置阴影的高度，其类型是 Dp，直接设置即可；第二个参数为 Shape，想要设置圆角的话，通过它即可实现；第三个参数为 clip，意思为是否将内容图形裁剪到该形状，默认根据阴影高度来判断。使用样例如下：

```
@Composable
fun ModifierText() {
    ThreeTheme {
        Image(
            painter = painterResource(R.drawable.ic_launcher_background),
            modifier = Modifier
                .size(50.dp)
                .shadow(elevation = 3.dp, shape = MaterialTheme.shapes.medium),
            contentDescription = ""
        )
    }
}

@Preview(showBackground = true)
@Composable
fun ModifierTextPreview() {
    ModifierText()
}
```

上面的代码用到了 Theme，在 Theme 中创建了一个 Image，通过 Modifier.shadow 将阴影高度设置为 3dp，将 Shape 设置为主题的中等控件使用的形状，然后就会按照前面源码中描述的那样，阴影高度大于 0 的情况下会将内容图形裁剪到该形状。刷新后预览效果，如图 4-13 所示。

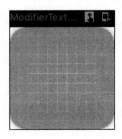

图 4-13　Modifier.shadow 效果展示

可以看到 Image 的圆角很明显。如果不想要阴影效果，可以将阴影高度设置为 0，然后手动打开裁剪开关即可。需要注意：Modifier.shadow 不只可以给 Image 设置圆角，其他可组合项也可以设置圆角。

4.5 脚手架——Scaffold

熟悉 Flutter 的读者都知道在 Flutter 中有一个 Scaffold 控件，Scaffold 翻译过来就是脚手架，它实现了基本的 Material Design 可视化的布局结构，提供了用于显示 drawer（抽屉）、snackbar 和底部导航栏的 API，可以帮助我们更简单、更方便地定义页面布局。在 Compose 中也有 Scaffold，下面看看怎么使用它。

4.5.1 简单了解 Scaffold

先来看看 Scaffold 的方法体：

```
@Composable
fun Scaffold(
    modifier: Modifier = Modifier,
    scaffoldState: ScaffoldState = rememberScaffoldState(),
    topBar: @Composable () -> Unit = {},
    bottomBar: @Composable () -> Unit = {},
    snackbarHost: @Composable (SnackbarHostState) -> Unit = { SnackbarHost(it) },
    floatingActionButton: @Composable () -> Unit = {},
    floatingActionButtonPosition: FabPosition = FabPosition.End,
    isFloatingActionButtonDocked: Boolean = false,
    drawerContent: @Composable (ColumnScope.() -> Unit)? = null,
    drawerGesturesEnabled: Boolean = true,
    drawerShape: Shape = MaterialTheme.shapes.large,
    drawerElevation: Dp = DrawerDefaults.Elevation,
    drawerBackgroundColor: Color = MaterialTheme.colors.surface,
    drawerContentColor: Color = contentColorFor(drawerBackgroundColor),
    drawerScrimColor: Color = DrawerDefaults.scrimColor,
    backgroundColor: Color = MaterialTheme.colors.background,
    contentColor: Color = contentColorFor(backgroundColor),
    content: @Composable (PaddingValues) -> Unit
)
```

可以看到，Scaffold 的参数有很多，但方便的是你可以选择使用其中的一些，因为参数都有默认值。下面看一个使用 Scaffold 的简单例子：

```
Scaffold(
    topBar = { /*.标题栏..*/
        TopAppBar(title = { Text("标题") }, navigationIcon = {
            IconButton(onClick = {  /*.点击事件..*/ }) {
                Icon(Icons.Filled.ArrowBack, "")
            }
```

```
        },
    },
    floatingActionButton = { /*.悬浮按钮..*/
        FloatingActionButton(onClick = {
            // Floating 点击事件
        }) {
            Text("OK")
        }
    },
    content = { /*.主内容..*/
        Column(
            modifier = Modifier.fillMaxSize(),
            verticalArrangement = Arrangement.Center,
            horizontalAlignment = Alignment.CenterHorizontally,
        ) {
            Text("主屏幕", fontSize = 40.sp)
        }
    }
)
```

在上面的代码中,我们添加了一个标题栏、一个悬浮按钮和主屏幕,里面都放了一个 Text 来描述,参数的意思见注释。运行代码,效果如图 4-14 所示。

图 4-14 Scaffold 效果展示

是不是非常方便? 几行代码就将一个之前需要写一堆代码的布局完成了! 还有更方便的,接着往下看吧!

4.5.2 Scaffold 抽屉实现

在 Android View 中想要实现抽屉并不容易，但是在 Compose 中实现抽屉变得非常简单。眼尖的读者应该已经注意到，Scaffold 的方法体中有抽屉的参数，那么我们直接在刚才的代码中加上抽屉就可以了：

```
drawerContent = { /*.侧滑抽屉页面..*/
    Column(
        modifier = Modifier.fillMaxSize().background(Color.Green),
        verticalArrangement = Arrangement.Center,
        horizontalAlignment = Alignment.CenterHorizontally,
    ) {
        Text("侧边栏", fontSize = 40.sp)
    }
},
```

代码很简单，一个充满父布局的 Column 包裹着一个 Text。运行代码，效果如图 4-15 所示。

图 4-15　Scaffold 抽屉效果展示

此外，Scaffold 还可以设置很多样式和功能，大家可以根据它的参数来设置，这里由于篇幅原因，就不逐个尝试了，想要尝试的读者可以下载随书测试代码。

4.6 约束布局——ConstraintLayout

说起约束布局，大家应该都很熟悉，因为 Android View 中也有，而且名字一样，它可以根据控件的相对位置将它们放置在屏幕上，这非常有用。之前在 XML 中写布局的时候，往往会遇到布局嵌套地狱（布局嵌套过多导致维护困难甚至无法维护），而约束布局可以替代多个嵌套 Row、Column、Box 和自定义布局。

说了约束布局那么多的优点，需要注意的是，在实现对齐要求比较复杂的较大布局时，ConstraintLayout 很有用，但在创建简单布局时，首选 Column 和 Row。

和 Column、Row 等布局不同，约束布局需要额外添加一个依赖来使用：

```
implementation "androidx.constraintlayout:constraintlayout-compose:1.0.0-alpha03"
```

虽然上面说过约束布局可以替代多个嵌套 Row、Column、Box 和自定义布局，但也只是替代，性能并没有显著提升，因为 Compose 可以高效地处理较深的布局层次结构。即便如此，还是推荐大家使用约束布局，这样后期维护起来会更加方便。

Compose 中的 ConstraintLayout 支持 DSL：ConstraintLayout 中的每个可组合项都需要有与之关联的引用，引用是使用 createRefs 或 createRef 创建的，不同的是 createRefs 可以同时创建多个引用，而 createRef 只能创建一个引用。约束条件是使用 constrainAs 修饰符提供的，该修饰符将引用作为参数，既可以在主体 lambda 中指定其约束条件，也可以使用 linkTo 或其他有用的方法指定。parent 是一个现有的引用（指的是 ConstraintLayout 本身），可用于指定对 ConstraintLayout 可组合项本身的约束条件。

说了这么多，举个例子。下面是使用 ConstraintLayout 的示例：

```
@Composable
fun ConstraintLayoutTest() {
    ConstraintLayout(modifier = Modifier.fillMaxSize()) {
        val (one, two) = createRefs()
        val three = createRef()
        DefaultText(
            "One",
            modifier = Modifier.constrainAs(one) {
                start.linkTo(parent.start)
                end.linkTo(parent.end)
                top.linkTo(parent.top, margin = 16.dp)
            }
        )
        DefaultText("Two", Modifier.constrainAs(two) {
            start.linkTo(parent.start)
            end.linkTo(parent.end)
            top.linkTo(one.bottom, margin = 16.dp)
        })
```

```
    DefaultText("Three", Modifier.constrainAs(three) {
        start.linkTo(parent.start)
        end.linkTo(parent.end)
        bottom.linkTo(parent.bottom, margin = 16.dp)
    })
    }
}

@Composable
fun DefaultText(text: String, modifier: Modifier) {
    Text(
        text,
        modifier = modifier.size(100.dp)
            .background(Color.Red),
        fontSize = 30.sp,
        textAlign = TextAlign.Center
    )
}
```

简单解释一下上面的代码。首先创建了一个可组合项 DefaultText，然后在 ConstraintLayout 中使用 DefaultText，接着通过 createRefs 创建了一个多引用，又通过 createRef 创建了一个单引用。下面的可组合项通过 constrainAs 和引用进行关联，又通过 start.linkTo(parent.start) 和 end.linkTo(parent.end) 将可组合项定位到父布局的水平中央，并添加了 margin 为 16dp，之后将可组合项 Two 放到 One 的下面，最后将可组合项 Three 放到父布局的底部。运行代码看看实际效果，如图 4-16 所示。

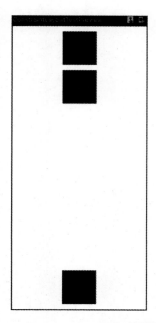

图 4-16　ConstraintLayout 效果展示

通过上面的例子可以看到，这和 Android View 中约束布局的约束条件是一致的。目前，Compose 中的约束布局还处于 Alpha 版本，API 随时可能修改，大家使用的时候一定注意要将依赖设置为最新版本。

4.7 小结

不知不觉第 4 章已经讲完了，相信大家一定收获不少，不仅了解了 Compose 中的各种布局，还学会了使用 Compose 中的脚手架 Scaffold，这样在开发过程中就能"百尺竿头，更进一步"了！

下一章我们会学习复杂一点儿的控件，相信你肯定能学得很好。稍事休息，继续学习下一章吧！

第 5 章

尝试 Compose 的复杂控件

不知不觉已经到了第 5 章，大家现在应该对 Compose 已经非常了解了，但也仅限于简单控件以及布局。本章就带大家尝试使用 Compose 中的复杂控件。

本章主要内容有：

- 竖向列表；
- 横向列表；
- 网格列表；
- 底部导航栏。

在 Android View 中列表通常使用的是 RecyclerView，还记得 RecyclerView 怎么使用吗？

RecyclerView 的使用并不简单，需要在 XML 中写 item 的布局，需要创建一个 Adapter，需要设置 RecyclerView 的 LayoutManager，需要在 XML 中写 RecyclerView……是不是特别麻烦？

5.1 竖向列表 LazyColumn

在 Compose 中，竖向、横向和网格列表都有专门的控件，使用起来更加方便、简单，快来学习怎么使用吧！接下来看看在 Compose 中怎么使用竖向列表。

5.1.1 简单使用

上面讲了在 Android View 中使用 RecyclerView 非常烦琐，下面看看在 Compose 中使用列表有多么简单。

首先准备列表的数据：

```
val dataList = arrayListOf<Int>()
for (index in 0..10) {
    dataList.add(index)
}
```

上面的代码中先创建了一个空的、泛型为 Int 的列表，然后通过一个循环给列表添加数据。数据准备好后，看看在 Compose 中怎么使用竖向列表：

```
LazyColumn {
    items(dataList) { data ->
        Text("Zhujiang:$data") // item 布局
    }
}
```

没错，这样就完成了，加上大括号一共 5 行代码。下面通过 Preview 来预览效果：

```
@Preview(showBackground = true, widthDp = 200, heightDp = 400)
@Composable
fun LazyColumnTestPreview() {
    LazyColumnTest()
}
```

Preview 中设置了显示背景，并且将宽设置为 200dp，高设置为 400dp。等待刷新完成预览效果，如图 5-1 所示。

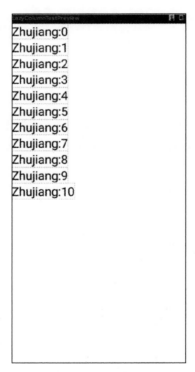

图 5-1　LazyColumn 的简单使用

相比 RecyclerView，LazyColumn 实在是太简单了，而且性能更加强劲。

5.1.2 LazyListScope

上一节中我们简单使用了 LazyColumn，接下来就来看看 LazyColumn 的源码，学习 LazyColumn 的进阶用法：

```
@Composable
fun LazyColumn(
    modifier: Modifier = Modifier, // 修饰符
    state: LazyListState = rememberLazyListState(), // 用于控制或观察列表状态的状态对象
    contentPadding: PaddingValues = PaddingValues(0.dp), // 围绕整个内容的填充
    reverseLayout: Boolean = false, // 反转滚动和布局的方向
    verticalArrangement: Arrangement.Vertical =
        if (!reverseLayout) Arrangement.Top else Arrangement.Bottom, // 布局子级的垂直排列
    horizontalAlignment: Alignment.Horizontal = Alignment.Start, // 布局水平对齐方式
    flingBehavior: FlingBehavior = ScrollableDefaults.flingBehavior(), // 描述 fling 的逻辑
    content: LazyListScope.() -> Unit // 描述内容的代码块
)
```

上面贴出了 LazyColumn 的方法体，里面参数的含义见注释。其中很多参数之前遇到过，但还有一些没见过。本节就来看看 LazyListScope，可以看到方法中最后一个参数的类型就是 LazyListScope 块。LazyColumn 与 Compose 中的大多数布局不同，它不接收@Composable 内容块参数，从而允许应用程序直接发出可组合项，而是提供了一个 LazyListScope 块。LazyListScope 块提供了 DSL（领域专用语言），允许应用程序描述列表项内容。然后，LazyColumn 负责按照布局和滚动位置的要求添加每个列表项的内容。

说了这么多，来看看 LazyListScope 里面到底写了什么代码能让 LazyColumn 这么好用：

```
@LazyScopeMarker
interface LazyListScope {
    // 添加一个项目
    fun item(key: Any? = null, content: @Composable LazyItemScope.() -> Unit)

    // 添加 count 个项目
    fun items(
        count: Int,
        key: ((index: Int) -> Any)? = null,
        itemContent: @Composable LazyItemScope.(index: Int) -> Unit
    )

    // 添加一个黏性标题，即使在其后面滚动时也将保持固定状态
    // 标题头将保持固定状态，直到下一个标题头取代它
    @ExperimentalFoundationApi
    fun stickyHeader(key: Any? = null, content: @Composable LazyItemScope.() -> Unit)
}
```

通过 LazyListScope 的源码可知这是一个接口，里面有两个添加项目的方法，还有一个添加黏性标题的方法。可以看到 item 方法和 items 方法中的最后一个参数是我们熟悉的@Composable 内容块参数，所以我们可以在 LazyColumn 中写 item 布局了。

这时问题来了，item 方法和 items 方法都不可以直接传入 List 或者 Array，但我们平时在项目中构建列表时使用的都是 List 或者 Array，这该怎么办呢？上面例子中使用的 items 方法直接传入了一个 List，而上面使用的 items 方法并不在 LazyListScope 接口中，那它在哪里呢？大家肯定都猜到了，没错，就是扩展方法，LazyListScope 有好几个扩展方法，都是用来添加项目的，如下所示：

```kotlin
// 添加项目列表
inline fun <T> LazyListScope.items(
    items: List<T>,
    noinline key: ((item: T) -> Any)? = null,
    crossinline itemContent: @Composable LazyItemScope.(item: T) -> Unit
) = items(items.size, if (key != null) { index: Int -> key(items[index]) } else null) {
    itemContent(items[it])
}

// 添加项目列表，通过项目的内容可以知道其 item 的索引
inline fun <T> LazyListScope.itemsIndexed(
    items: List<T>,
    noinline key: ((index: Int, item: T) -> Any)? = null,
    crossinline itemContent: @Composable LazyItemScope.(index: Int, item: T) -> Unit
) = items(items.size, if (key != null) { index: Int -> key(index, items[index]) } else null) {
    itemContent(it, items[it])
}

// 添加项目数组
inline fun <T> LazyListScope.items(
    items: Array<T>,
    noinline key: ((item: T) -> Any)? = null,
    crossinline itemContent: @Composable LazyItemScope.(item: T) -> Unit
) = items(items.size, if (key != null) { index: Int -> key(items[index]) } else null) {
    itemContent(items[it])
}

// 添加一个数组，通过项目的内容可以知道其 item 的索引
inline fun <T> LazyListScope.itemsIndexed(
    items: Array<T>,
    noinline key: ((index: Int, item: T) -> Any)? = null,
    crossinline itemContent: @Composable LazyItemScope.(index: Int, item: T) -> Unit
) = items(items.size, if (key != null) { index: Int -> key(index, items[index]) } else null) {
    itemContent(it, items[it])
}
```

可以看到，LazyListScope 有 Google 官方提供的 4 个扩展方法，分别可以使用 List 或 Array 来添加条目。如果需要获取当前条目的索引，可以使用 itemsIndexed 扩展方法。

下面写个小例子来展示这几个扩展方法的使用。

1. 使用 List 的 itemsIndexed

上面的例子使用了 List 的 item 方法，这里使用 List 的 itemsIndexed 方法：

```
val stringList = arrayListOf<String>()
for (index in 0..10) {
    stringList.add("ind".repeat(index))
}
LazyColumn {
    itemsIndexed(stringList) { index, data ->
        Text("Zhujiang:第${index}个数据为$data")
    }
}
```

为了分辨 data 和 index，这里重新构建了一个泛型为 String 的 List，然后通过 for 循环将 "ind" 字符串重复 index 次，之后直接将 List 传入 itemsIndexed 方法来进行调用。需要注意的是，index 是第一个参数，data 是第二个参数，千万别搞混了。

在 Android View 中，如果通过 for 循环构建一个想在 RecyclerView 或者 ListView 中显示的列表，必须运行项目才能看到实际样式，但在 Compose 中，使用 Preview 可以不运行项目而直接进行预览，效果如图 5-2 所示。

图 5-2　使用 List 的 itemsIndexed 构建 LazyColumn

2. 使用 Array 的 itemsIndexed

日常开发中用于构建列表的数据不只有 List，还有可能是 Array。LazyListScope 的扩展方法中也有参数为 Array 的，所以可以直接使用。示例代码如下：

```
val stringList = arrayListOf<String>()
for (index in 0..10) {
    stringList.add("ind".repeat(index))
}
LazyColumn {
    itemsIndexed(stringList.toArray()) {index,data ->
        Text("第${index}个数据为$data")
    }
}
```

stringList 使用的还是上面构建的，只是用的时候通过 List 的 toArray 方法将 List 转为了 Array，其他的和 List 一样，直接将数据传入即可使用。这里 index 是第一个参数，data 是第二个参数。预览效果如图 5-3 所示。

图 5-3 使用 Array 的 itemsIndexed 构建 LazyColumn

5.1.3 使用多 Type

经过前面两节的学习，大家应该会简单地使用 LazyColumn 了，本节中我们来学习在 LazyColumn 中怎样使用多 Type。

在 Android View 的 RecyclerView 中使用多 Type 的话很麻烦，需要在各个方法中控制数据的加载和布局的选用，但是在 Compose 中这些就太简单了。

下面一步一步实现 Compose 的多 Type 显示。先来准备数据类：

```
data class Chat(val content: String, val isLeft: Boolean = true)
```

这里我们创建了一个 data 类，名叫 Chat，里面有两个参数：第一个参数是 String 类型的，意思是聊天内容；第二个参数是 Boolean 类型的，意思是是否为左边的聊天内容。看这个数据类的名字，大家应该能想到我接下来要写什么例子了，没错，就是模拟聊天。接下来准备一些显示需要的数据：

```
val charList = arrayListOf<Chat>()
charList.apply {
    add(Chat("你好啊小江"))
    add(Chat("你在干啥呢"))
    add(Chat("想问你个事"))
    add(Chat("没干啥，还在写代码啊！", false))
    add(Chat("啥事啊大哥？", false))
    add(Chat("没事。。。"))
    add(Chat("好吧。。。", false))
}
```

我们简单地模拟了几条聊天数据。下面就到了本节最关键的地方，使用 LazyColumn 的多 Type：

```
LazyColumn {
    items(charList) { data ->
        if (data.isLeft) {
            Column(modifier = Modifier.padding(end = 15.dp)) {
                Spacer(modifier = Modifier.height(5.dp))
                Text(
                    data.content, modifier = Modifier.fillMaxWidth().height(25.dp)
                        .background(Color.Yellow)
                )
            }
        } else {
            Column(modifier = Modifier.padding(start = 15.dp)) {
                Spacer(modifier = Modifier.height(5.dp))
                Text(
                    data.content, modifier = Modifier.fillMaxWidth()
                        .background(Color.Green).height(25.dp)
                )
            }
        }
    }
}
```

就是这么简单，只需要在创建 item 布局的时候判断一下即可，然后使用相应的布局进行构建。之前一直说 Compose 是声明式 UI，至此大家应该真正理解了声明式 UI 的方便之处。接下来预览效果，如图 5-4 所示。

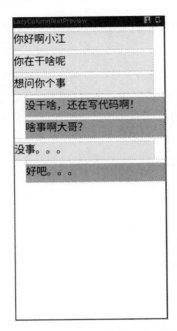

图 5-4　LazyColumn 的多 Type 使用

大家在之后的工作中也可以通过 when 语句控制多 Type 的情况，最好将 item 的布局抽取出来进行状态提升（第 2 章中介绍过），这样能更好地发挥 Compose 的性能。

5.1.4　黏性标题

黏性标题在应用程序中特别常见，比如微信中的通讯录页面、手机中的通讯录页面、美团中切换城市的页面等。那到底什么是黏性标题呢？黏性标题就是即使在其后面滚动时也将保持固定状态的标题。标题头将保持固定状态，直到下一个标题头取代它。图 5-5 就展示了一个黏性标题的例子。

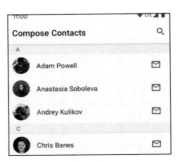

图 5-5　黏性标题

那么在 Compose 中应该怎样实现黏性标题呢？细心的读者可能还记得前面说过 LazyListScope 接口中有一个 stickyHeader 方法，没错，就是使用这个方法来实现。

1. 使用简单黏性标题

在日常开发中可能会遇到下面这种情况：在一个列表中可能只有一个标题或者一块布局需要跟随列表向上滑动，当滑动到顶部的时候这块布局需要吸附在页面顶部位置，而下面的列表可以继续向上滑动。在这种情况下，如果想使用 Android View 来实现就比较麻烦了，但是使用 Compose 的话比较简单。嗯，来看看实现代码吧。

第一步还是构建数据。为了省事，直接使用刚才构建的聊天数据，然后创建一个 LazyColumn：

```
LazyColumn {
    items(charList) { item ->
        Text(
            item.content,
            modifier = Modifier.padding(10.dp).background(Color.Red).height(150.dp)
                .fillMaxWidth(), textAlign = TextAlign.Center,
            fontSize = 35.sp
        )
    }
    stickyHeader {
        Text(
            "我是黏性标题啊",
            modifier = Modifier.padding(10.dp).background(Color.Green).height(150.dp)
                .fillMaxWidth(), textAlign = TextAlign.Center,
            fontSize = 35.sp
        )
    }
    items(charList) { item ->
        Text(
            item.content,
            modifier = Modifier.padding(10.dp).background(Color.Red).height(150.dp)
                .fillMaxWidth(), textAlign = TextAlign.Center,
            fontSize = 35.sp
        )
    }
}
```

可以看到，我们在 LazyColumn 中插入了两回列表数据。这是为了模拟刚才描述的真实开发场景，将黏性标题放到了中间。这里需要注意，黏性标题编写的位置会直接影响实际布局的位置，比如上面的代码中我们把它放到了中间，那么黏性标题就会在中间的位置，随着列表的向上滚动而滚动，当滚动到页面顶部位置的时候即停止，其他列表项可继续向上滚动。其他部分在之前的章节都讲过，这里简单过一下：item 中的布局和黏性头部的布局除背景颜色外其他都一样，通过修饰符增加了一个 padding，值为 10dp，为了更好地展示黏性标题滑动的效果而把高度设置为 150dp，文本在段落中的对齐方式设置为居中对齐，宽度为充满父布局。

下面运行代码看看实际效果，如图 5-6 所示。

图 5-6 实现黏性标题

2. 使用复杂黏性标题

上一节中我们实现了 Compose 的简单黏性标题，因为里面只放置了一个黏性标题。当然，如果要实现固定的几个，也可以直接在需要的位置放置黏性标题。下面介绍实现具有多个标题的列表（例如微信的"通讯录"）。

第一步还是构建数据，这里就不使用刚才的数据了，我们需要新建一个黏性标题和列表数据能对应起来的数据类：

```
data class Contact(val letters: String, val nameList: List<String>)
```

数据类 Contact 很简单，只有两个参数：第一个参数为 letters，就是黏性标题所需要的数据；第二个参数是一个列表，用来存放黏性标题对应的列表数据。下面填充具体数据：

```
val letters = arrayListOf("A", "B", "C", "D", "E")
val contactList = arrayListOf<Contact>()
val nameList = arrayListOf<String>()
for (index in 0..5) {
    nameList.add("路人$index")
}
for (index in letters.iterator()) {
    contactList.add(Contact(letters = index, nameList))
}
```

这里简单填充了数据，每个黏性标题下面都存放了 6 条数据。下面就到了关键时刻，将黏性标题和数据相结合：

```
LazyColumn {
    contactList.forEach { (letter, nameList) ->
        stickyHeader {
            Text(
                letter,
                modifier = Modifier.padding(10.dp).background(Color.Green)
                    .fillMaxWidth(), textAlign = TextAlign.Center,
                fontSize = 35.sp
            )
        }

        items(nameList) { contact ->
            Text(
                contact,
                modifier = Modifier.padding(10.dp).background(Color.Red).height(50.dp)
                    .fillMaxWidth(), textAlign = TextAlign.Center,
                fontSize = 35.sp
            )
        }
    }
}
```

上面代码中的 contactList 通过 forEach 循环将黏性标题和 item 的内容同时给 LazyColumn 设置进去，里面的 item 布局使用的还是前面用过的。运行看看效果，如图 5-7 所示。

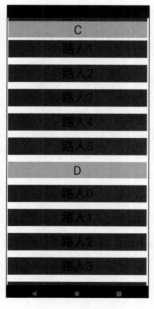

图 5-7 实现复杂黏性标题

5.1.5 回到顶部

现在市面上很多应用程序有类似的功能，在列表下滑太多的情况下，会有一个按钮让用户快速回到顶部。在 RecyclerView 中，如果需要实现这个功能，可以通过 addOnScrollListener 监听并判断用户当前的动作（上滑或下滑），然后通过 smoothScrollToPosition 方法让列表回到顶部。但是在 Compose 中无须如此，本书一直说 Compose 是声明式的，是数据驱动 UI 显示，Compose 通过监听 State 的改变从而改变页面，这里也是如此。

上面 LazyColumn 的方法体中有一个参数为 LazyListState，这就是 LazyColumn 的 State，我们可以通过修改它的 value 从而触发页面更新。

首先需要创建 LazyListState：

```
val listState = rememberLazyListState()
```

Compose 为我们提供了创建方法，只需要调用 rememberLazyListState 方法就可以创建一个 LazyListState。然后就可以将 listState 传入 LazyColumn 中了：

```
val listState = rememberLazyListState()
LazyColumn(state = listState) {
    items(charList) {
        // item 布局
    }
}
```

接着我们就可以通过 listState 做一些事情了，应用程序通常只需要了解第一个可见列表项的相关信息。为此，LazyListState 提供了 firstVisibleItemIndex 和 firstVisibleItemScrollOffset 属性：

```
if (listState.firstVisibleItemIndex > 0) {
    // 做一些事情
}
```

想要让 LazyColumn 回到顶部，除了了解第一个可见列表项的相关信息，还需要能够控制列表的滚动位置。LazyListState 通过 scrollToItem 函数就可以控制列表的滚动位置，animateScrollToItem 函数也可以。二者的区别在于，animateScrollToItem 函数使用动画进行滚动（也称平滑滚动）。来看看具体的使用案例：

```
val coroutineScope = rememberCoroutineScope()

Button(modifier = Modifier.size(60.dp),
    onClick = {
        coroutineScope.launch {
            listState.animateScrollToItem(index = 0)
        }
    }
```

```
){
    Text("Top")
}
```

这里需要注意：scrollToItem 函数和 animateScrollToItem 函数都是挂起方法（Kotlin 中使用 suspend 修饰的方法叫挂起方法），需在协程中使用，所以我们通过 rememberCoroutineScope 方法创建出一个协程的作用域，然后在里面使用 animateScrollToItem 函数。

5.2 横向列表 LazyRow

上一节中我们学习了竖向列表，本节中我们将学习横向列表 LazyRow。横向列表在实际开发中也很常用，比如美团外卖美食栏中的美食品种就使用了横向列表。快来一起学习吧！

5.2.1 简单使用

同样，先来简单地使用一下 LazyRow。第一步还是构建数据：

```
val dataList = arrayListOf<Int>()
for (index in 0..10) {
    dataList.add(index)
}
```

为简单起见，这里还是构建了一个从 0 到 10、泛型为 Int 值的 List。接下来看看怎么使用 LazyRow：

```
LazyRow {
    items(dataList) { data ->
        Text("$data")
    }
}
```

从上面的代码可以看到，LazyRow 的使用方法和 LazyColumn 基本一致，只是名字不同而已，下一节解释原因。这里直接通过 Preview 预览效果，如图 5-8 所示。

图 5-8　LazyRow 的简单使用

5.2.2 LazyRow 源码解析

上一节留下了一个疑问：为什么 LazyRow 不管从名字还是从使用方法来看都和 LazyColumn

那么相似？看了 LazyRow 的源码之后大家就会明白：

```
@Composable
fun LazyRow(
    modifier: Modifier = Modifier, // 修饰符
    state: LazyListState = rememberLazyListState(), // 用于控制或观察列表状态的状态对象
    contentPadding: PaddingValues = PaddingValues(0.dp), // 围绕整个内容的填充
    reverseLayout: Boolean = false, // 反转滚动和布局的方向
    horizontalArrangement: Arrangement.Horizontal =
        if (!reverseLayout) Arrangement.Start else Arrangement.End, // 布局子级的水平排列
    verticalAlignment: Alignment.Vertical= Alignment.Top, // 布局垂直对齐方式
    flingBehavior: FlingBehavior = ScrollableDefaults.flingBehavior(), // 描述 fling 的逻辑
    content: LazyListScope.() -> Unit // 描述内容的代码块
)
```

可以看到，除 horizontalArrangement 参数和 verticalAlignment 参数外，别的参数都一模一样，包括前面介绍过的 LazyListScope，也就是说，LazyColumn 中 item 的使用方式在这里同样适用。而且 LazyColumn 和 LazyRow 在源码中都在 LazyDsl.kt 文件下。

5.2.3　使用项键 Key

默认情况下，每个列表项的状态均与该项在列表中的位置相对应。但是，数据集如果发生变化，可能会导致问题出现，因为位置发生变化的列表项实际上会丢失所有记忆状态。想象一下 LazyColumn 中的 LazyRow 场景，如果某个行更改了项位置，用户将丢失在该行内的滚动位置。

为了避免出现这种情况，我们可以为每个列表项提供稳定的唯一键，为 key 参数提供一个块。提供稳定的键可使项状态在数据集发生更改后保持一致。下面来看看具体使用案例：

```
val dataList = arrayListOf<Int>()
for (index in 0..100) {
    dataList.add(index)
}
LazyRow {
    items(
        items = dataList,
        key = { index ->
            index
        }
    ) { data ->
        Text("Zhujiang:$data")
    }
}
```

这里使用的数据也是通过 for 循环生成的，然后在刚才的基础上加上了项键 key，key 的类型是 Any，所以我们可以传任何值，但需要注意的是，我们提供的任何键都必须能够存储在 Bundle 中。

5.3 网格列表 LazyVerticalGrid

网格列表在日常开发中实在太常见了,比如相册中的照片展示和微信朋友圈中的图片展示。本节中我们将学习 Compose 中的网格列表。

5.3.1 简单使用

在 Compose 中网格列表使用的是 LazyVerticalGrid。LazyVerticalGrid 直译就是惰性垂直网格,这正是我们所需要的。先来看看它怎么使用。

第一步还是准备网格列表中使用的数据:

```
val photos = arrayListOf<Int>()
for (index in 0..20) {
    photos.add(R.drawable.ic_launcher_background)
}
```

这次我们想在网格中显示图片,所以这里 List 的泛型为 Int,在 for 循环中直接添加了一些图片资源,为了方便理解,这里的图片全都是系统自动生成的图标背景图。现在数据已经搞定,接下来看看该如何使用 LazyVerticalGrid:

```
LazyVerticalGrid(
    cells = GridCells.Adaptive(minSize = 60.dp)
) {
    items(photos) { photo ->
        Image(painter = painterResource(photo), "", modifier = Modifier.padding(2.dp))
    }
}
```

代码很简洁,不到 10 行就搞定了。下面使用 Preview 创建一个预览:

```
@ExperimentalFoundationApi
@Preview(showBackground = true, widthDp = 200, heightDp = 400)
@Composable
fun LazyVerticalGridTestPreview() {
    LazyVerticalGridTest()
}
```

这里由于 LazyVerticalGrid 是实验性的,所以必须添加 ExperimentalFoundationApi 注解。刷新后预览效果,如图 5-9 所示。

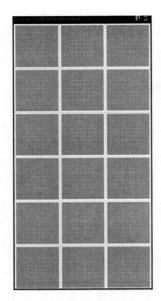

图 5-9　LazyVerticalGrid 的简单使用

没错，和相册中的照片排列很像，正是我们想要的效果。

5.3.2　LazyVerticalGrid 源码解析

上一节中我们简单使用了 LazyVerticalGrid，本节将学习更多关于 LazyVerticalGrid 的使用方法。先来看 LazyVerticalGrid 的源码：

```
@ExperimentalFoundationApi
@Composable
fun LazyVerticalGrid(
    cells: GridCells, // 描述单元格如何形成列
    modifier: Modifier = Modifier, // 修饰符
    state: LazyListState = rememberLazyListState(), // state，它和 LazyColumn、LazyRow 一样
    contentPadding: PaddingValues = PaddingValues(0.dp), // 内边距
    content: LazyGridScope.() -> Unit
)
```

从上面的代码可以看到，LazyVerticalGrid 上有 ExperimentalFoundationApi 注解，表示这是实验性的 API，所以我们使用的时候需要加此注解。然后我们发现其中有两个陌生参数，第一个参数 cells 和最后一个参数 content 之前没有遇到过，所以下面着重介绍这两个参数。

1. 描述单元格如何形成列——cells

cells 参数的类型为 GridCells，用来描述单元格如何形成列，而且这个参数没有默认值，也不能为空。下面看看 GridCells 的源码，学习如何构建一个 GridCells：

5.3 网格列表 LazyVerticalGrid

```
@ExperimentalFoundationApi
sealed class GridCells {

    @ExperimentalFoundationApi
    class Fixed(val count: Int) : GridCells()

    @ExperimentalFoundationApi
    class Adaptive(val minSize: Dp) : GridCells()

}
```

可以看到 GridCells 是一个密封类，且有两个子类：Fixed 和 Adaptive。从这两个子类的命名也能大概猜到其含义，Fixed 应该是固定的列数，Adaptive 用于设置最小宽度并进行自适应布局。

先来看 Fixed 类，它的构造方法有一个参数，其类型为 Int，它可以生成具有固定数量行或列的单元格。举个例子：

```
LazyVerticalGrid(
    cells = GridCells.Fixed(count = 5)
) {
    items(photos) { photo ->
        Image(painter = painterResource(photo), "", modifier = Modifier.padding(2.dp))
    }
}
```

上面的代码通过 GridCells.Fixed 类的构造方法将 count 设置为 5。刷新后预览效果，如图 5-10 所示。

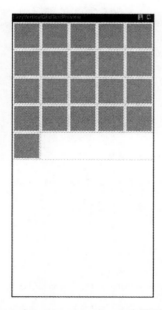

图 5-10　在 LazyVerticalGrid 中设置 Fixed

不出所料，通过设置 GridCells.Fixed 类中的参数确实可以修改 LazyVerticalGrid 的固定列数。

接下来看一下 Adaptive。在上一节的示例中我们使用的就是 Adaptive，它可以生成具有适应性的行数或列数的单元格。它将尝试在每个单元格至少具有 minSize（通过参数进行设置）空间和所有额外空间均匀分布的条件下，尽可能多地定位行或列。

2. content

content 参数表示单元格的内容，其类型为 LazyGridScope。之前介绍 LazyColumn 的时候说过它不接收@Composable 内容块参数，而是提供了一个 LazyListScope 块。LazyVerticalGrid 也不接收@Composable 内容块参数，而是提供了一个 LazyGridScope 块，该块也提供 DSL（领域专用语言），允许应用程序描述列表项内容，之后 LazyVerticalGrid 就和 LazyColumn 一样负责按照布局和滚动位置的要求添加每个列表项的内容。下面看看 LazyGridScope 的源码：

```
@ExperimentalFoundationApi
interface LazyGridScope {

    fun item(content: @Composable LazyItemScope.() -> Unit)

    fun items(count: Int, itemContent: @Composable LazyItemScope.(index: Int) -> Unit)
}
```

发现了没有，LazyGridScope 和 LazyListScope 一样，都是接口，而且连方法都一模一样，只是类的实现不同。再来看看 LazyGridScope 有哪些扩展函数：

```
@ExperimentalFoundationApi
inline fun <T> LazyGridScope.items(
    items: List<T>,
    crossinline itemContent: @Composable LazyItemScope.(item: T) -> Unit
) = items(items.size) {
    itemContent(items[it])
}

@ExperimentalFoundationApi
inline fun <T> LazyGridScope.itemsIndexed(
    items: List<T>,
    crossinline itemContent: @Composable LazyItemScope.(index: Int, item: T) -> Unit
) = items(items.size) {
    itemContent(it, items[it])
}

@ExperimentalFoundationApi
inline fun <T> LazyGridScope.items(
    items: Array<T>,
    crossinline itemContent: @Composable LazyItemScope.(item: T) -> Unit
) = items(items.size) {
    itemContent(items[it])
```

```
}
@ExperimentalFoundationApi
inline fun <T> LazyGridScope.itemsIndexed(
    items: Array<T>,
    crossinline itemContent: @Composable LazyItemScope.(index: Int, item: T) -> Unit
) = items(items.size) {
    itemContent(it, items[it])
}
```

LazyGridScope 的扩展方法和 LazyListScope 的一模一样，所以使用方法也一模一样。上面使用了 List 构建 LazyVerticalGrid，下面我们使用 Array 来构建一个 LazyVerticalGrid：

```
LazyVerticalGrid(
    cells = GridCells.Fixed(count = 3)
) {
    items(photos.toArray()) { photo ->
        Image(painter = painterResource(photo as Int), "", modifier = Modifier.padding(2.dp))
    }
}
```

这里我们将 Fixed 的参数设置为 3，意思是固定为 3 列，然后在 items 中传入由 List 转成的 Array。刷新 Preview 查看效果，如图 5-11 所示。

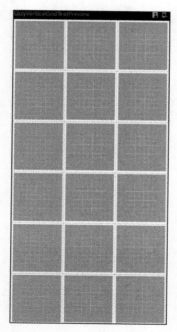

图 5-11　使用 Array 构建 LazyVerticalGrid

可以看到，列表变为了 3 列，和我们设置的一样，而且 Array 也可以正常使用。

5.4 底部导航栏

底部导航栏实在是太常见了，市面上几乎所有应用程序都有，比如微信、支付宝、美团，等等。在 Android View 早期，都是开发者自己实现底部导航栏，在 Android 5.0 之后，Google 新增了 BottomNavigationView，实现底部导航栏变得简单了一些。本节中我们将使用 Compose 实现底部导航栏。

5.4.1 简单使用

首先需要考虑实现底部导航栏需要做什么准备工作。没错，还是先准备数据：

```kotlin
enum class ZhuTabs(
    val title: String,
    @DrawableRes val icon: Int
) {
    ONE("One", R.drawable.ic_nav_news_normal),
    TWO("Two", R.drawable.ic_nav_tweet_normal),
    THREE("Three", R.drawable.ic_nav_discover_normal),
    FOUR("Fore", R.drawable.ic_nav_my_normal)
}
```

这里数据使用了枚举类，参数有两个，一个是标题，另一个是图片资源，然后定义了 4 个 Tab 资源，分别为 ONE、TWO、THREE 和 FOUR。下面再来定义 4 个需要显示的页面：

```kotlin
@Composable
fun One() {
    BaseDefault("One")
}

@Composable
fun Two() {
    BaseDefault("Two")
}

@Composable
fun Three() {
    BaseDefault("Three")
}

@Composable
fun Four() {
    BaseDefault("Four")
}

@Composable
fun BaseDefault(content: String) {
    Row(
        modifier = Modifier.fillMaxSize(),
        horizontalArrangement = Arrangement.Center,
```

```
            verticalAlignment = Alignment.CenterVertically,
    ) {
        Text(content, fontSize = 50.sp)
    }
}
```

上面的代码定义了 4 个页面，都使用了 BaseDefault，然后传入不同的值来进行显示。准备工作完成，下面该使用底部导航栏了：

```
@Composable
fun BottomNavigationTest() {
    val tabs = ZhuTabs.values() // Tab 数据
    var position by remember { mutableStateOf(ZhuTabs.ONE) } // 使用 remember 记住 State 值
    Scaffold( // 脚手架，方便实现页面
        backgroundColor = Color.Yellow, // 背景颜色
        bottomBar = { // 定义 bottomBar
            BottomNavigation {
                tabs.forEach { tab ->
                    BottomNavigationItem(
                        modifier = Modifier
                            .background(MaterialTheme.colors.primary),
                        icon = { Icon(painterResource(tab.icon), contentDescription = null) },
                        label = { Text(tab.title) },
                        selected = tab == position,
                        onClick = {
                            position = tab
                        },
                        alwaysShowLabel = false,
                    )
                }
            }
        }
    ) {
        // 根据 State 值的变化来动态切换当前显示的页面
        when (position) {
            ZhuTabs.ONE -> One()
            ZhuTabs.TWO -> Two()
            ZhuTabs.THREE -> Three()
            ZhuTabs.FOUR -> Four()
        }
    }
}
```

这段代码有点儿长，我们一行一行来看。第一行通过枚举类的 values 方法获取枚举类中定义的类型数据。然后通过 remember 方法记住了一个 State 值，该值为 ZhuTabs 类型。接下来定义了一个脚手架，用来定义页面的整体布局。在脚手架中，将背景颜色设置为黄色，然后设置 bottomBar，这就是本节的主角：BottomNavigation，而后 tabs 通过 forEach 循环来添加 BottomNavigationItem，在 BottomNavigationItem 中设置显示的文字和图片，通过比对循环中的 tab 值和上面记住的 position 值确定是否为选中的 tab，在 onClick 回调中更新 position 值。最后，通过 when 根据 State 值的变化来动态切换当前显示的页面。

说了这么多,运行看看效果,如图 5-12 所示。

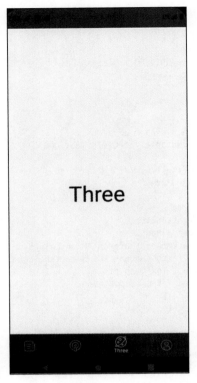

图 5-12　BottomNavigation 的使用(另见彩插)

上面实现的效果和现在的主流应用程序一样,点击底部的选项卡可以切换不同的页面。

5.4.2　BottomNavigation 源码解析

上一节介绍了 BottomNavigation 的简单使用,本节来看看它的源码:

```
@Composable
fun BottomNavigation(
    modifier: Modifier = Modifier, // 修饰符
    backgroundColor: Color = MaterialTheme.colors.primarySurface, // 背景颜色
    contentColor: Color = contentColorFor(backgroundColor), // 提供给其子级的首选内容颜色
    elevation: Dp = BottomNavigationDefaults.Elevation, // 此 BottomNavigation 的高度
    content: @Composable RowScope.() -> Unit
)
```

可以看到 BottomNavigation 的参数并不多,除修饰符外,还可以设置背景颜色、子控件内容颜色和高度。大家可以根据 UI 的需求来设置 BottomNavigation 的颜色。

一个 BottomNavigation 中会有多个 BottomNavigationItem，BottomNavigationItem 用于展示实际效果。下面看看 BottomNavigationItem 的源码：

```
@Composable
fun RowScope.BottomNavigationItem(
    selected: Boolean, // 当前是否选中
    onClick: () -> Unit, // 点击事件
    icon: @Composable () -> Unit, // 图片显示
    modifier: Modifier = Modifier, // 修饰符
    enabled: Boolean = true, // 是否可点击
    label: @Composable (() -> Unit)? = null, // 标题控件
    alwaysShowLabel: Boolean = true, // 标题是否一直显示
    interactionSource: MutableInteractionSource = remember { MutableInteractionSource() },
                      // 表示此 BottomNavigationItem 的 Interaction 流
    selectedContentColor: Color = LocalContentColor.current, // 选择此项目时文本标签和图标的颜色，
                                                              // 以及波纹的颜色
    unselectedContentColor: Color = selectedContentColor.copy(alpha = ContentAlpha.medium)
                      // 未选择此项目时文本标签和图标的颜色
)
```

可以看到 BottomNavigationItem 的参数要比 BottomNavigation 多很多，参数的意思比较简单，而且代码中都添加了相应注释。下面看一个使用案例：

```
BottomNavigation(backgroundColor = MaterialTheme.colors.primary, contentColor = Color.Red) {
    tabs.forEach { tab ->
        BottomNavigationItem(
            modifier = Modifier
                .background(MaterialTheme.colors.primary),
            icon = { Icon(painterResource(tab.icon), contentDescription = null) },
            label = { Text(tab.title) },
            selected = tab == position,
            onClick = {
                position = tab
                Log.e("ZHUJIANG", "BottomNavigationTest: ${tab.title}")
            },
            alwaysShowLabel = true,
            selectedContentColor = Color.Yellow,
            unselectedContentColor = Color.Red
        )
    }
}
```

上面的代码中我们将 BottomNavigation 的背景颜色设置为紫色，将子控件的内容颜色设置为红色，将 BottomNavigationItem 的 alwaysShowLabel 设置为 true，还设置了选中和未选中文本标签和图标的颜色。下面运行看看效果，如图 5-13 所示。

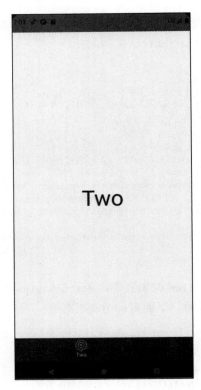

图 5-13 BottomNavigation 示例（另见彩插）

5.5 小结

时间过得真快，第 5 章又要和大家说再见了，至此本书内容过半，现在你已经可以尝试使用 Compose 进行实际的项目开发了，遇到问题可以再来本书中翻阅一下。

在下一章中，我们将尝试 Compose 中的自定义 View。快收拾好行囊，准备进入下一章的学习吧！

第 6 章
尝试 Compose 的自定义 View

自定义 View 一直是 Android 开发的一个难点，也一直是广大 Android 开发者的痛点，因为它确实有点儿复杂，并不容易掌握。而且由于它比较复杂，在面试中经常被提及。Google 官方想尽办法让 Compose 中的自定义 View 变得简单且方便，帮开发者解决痛点。

本章主要内容有：

- 了解 Compose 中的 Canvas；
- 在 Compose 中绘制文字、曲线、矩形、圆、椭圆、圆弧、路径等；
- 使用混合模式——BlendMode。

下面一起进入自定义 View 的世界吧！

6.1 简单认识 Compose 中的 Canvas

本节会带大家了解 Compose 中 Canvas 的基本概念，学习其工作流程，让自定义 View 不再是开发痛点。

6.1.1 Android View 中的 Canvas

在 Android View 中自定义绘制的方式是重写绘制方法，其中最常用的方法是 onDraw。下面先来看看在 Android View 中如何使用 onDraw 方法进行自定义绘制：

```
class CustomView @JvmOverloads constructor(
    context: Context,
    attrs: AttributeSet? = null,
    defStyleAttr: Int = 0
) : View(context, attrs, defStyleAttr) {
    override fun onDraw(canvas: Canvas?) {
        super.onDraw(canvas)
        // 进行绘制
    }
}
```

从上面的代码可以看到，Android View 中自定义 View 需要先继承自一个 View，然后在 onDraw 方法中进行。onDraw 方法中只有一个参数 canvas，它可以用来绘制点、线、圆等，还可以使用不同的控制方法来控制所绘制内容的遮盖关系。

6.1.2　Compose 中的 Canvas

通过上面的描述可知，Canvas 在传统自定义 View 中特别关键，同样，它在 Compose 中也非常重要。来看看在 Compose 中应该怎样使用 Canvas：

```
@Composable
fun CustomViewTest() {
    Canvas(modifier = Modifier.fillMaxSize()) {
    }
}
```

可以看到在 Compose 中使用 Canvas 和在 Android View 中使用 Canvas 的方式完全不同，其实 Compose 中的 Canvas 也是一个可组合项。关于 Flutter 有这么一句话：在 Flutter 中万物皆 widget，那么在 Compose 中就可以说万物皆可组合项。来看看 Compose 中 Canvas 的源码：

```
@Composable
fun Canvas(modifier: Modifier, onDraw: DrawScope.() -> Unit) =
    Spacer(modifier.drawBehind(onDraw))
```

可以看到 Canvas 有两个参数，第一个参数是我们熟悉的修饰符，第二个参数为 onDraw，其类型为 DrawScope 块。有没有感觉这里的 DrawScope 和之前学过的 LazyListScope 有点儿像？还记得在 LazyColumn 中为什么使用 LazyListScope 块吗？没错，因为我们想要在 LazyColumn 中使用 DSL 描述列表项内容，这里 DrawScope 块的作用与之相同。下面来看看 DrawScope 接口的定义：

```
@DrawScopeMarker
interface DrawScope : Density {

    // 当前的 DrawContext，包含创建绘图环境所需的依赖项
    val drawContext: DrawContext

    // 绘图环境当前边界的中心
    val center: Offset
        get() = drawContext.size.center

    // 当前绘图环境的大小（可以通过 size 获取当前 Canvas 的宽和高）
    val size: Size
        get() = drawContext.size

    // 绘制版面的版面方向
    val layoutDirection: LayoutDirection

    companion object {
```

```
        // 用于每个绘图操作的默认混合模式。这样可以确保将内容绘制在目标中的像素上方
        val DefaultBlendMode: BlendMode = BlendMode.SrcOver
    }
}
```

由于篇幅原因上面没有给出 DrawScope 的全部内容，只给出了接口的定义、全局变量以及伴生对象，剩余内容下面会详细解读。

解读一下上面的代码：DrawScope 是一个接口，头部有 DrawScopeMarker 注解（这是一个 DSL 标记，用于区分绘图操作和画布转换操作）；它继承自 Density 接口（其中定义了 Dp、Px、Int 和 TextUnit 之间的转换）；接口内部有 4 个全局变量，其含义见代码注释；伴生对象中有一个变量，表示绘图操作的默认混合模式，其中混合模式就是在画布上绘画时使用的算法。

6.2 使用 Canvas 绘制点

任何画面都是由点、线、面组成的，其中点是重中之重，也是绘制的基础。本节将带大家一起在 Compose 中绘制点。

上一节介绍过，在 Compose 中 Canvas 可组合项可以使用 DSL 来绘制，点同样也可以使用 DSL 来绘制。绘制点的方法也在 DrawScope 中定义，如下所示：

```
fun drawPoints(
    points: List<Offset>, // 点的集合
    pointMode: PointMode, // 点的绘制方式
    color: Color, // 点的颜色
    strokeWidth: Float = Stroke.HairlineWidth, // 宽度
    cap: StrokeCap = StrokeCap.Butt, // 处理线段的末端
    pathEffect: PathEffect? = null, // 适用于该点的可选效果或图案
    alpha: Float = 1.0f, // 透明度
    colorFilter: ColorFilter? = null, // 颜色效果
    blendMode: BlendMode = DefaultBlendMode // 混合模式
)
```

从上面方法的定义可以看到 drawPoints 一共有 9 个参数，其中有 3 个参数必须填写，剩下 6 个参数都有默认值。先来看必须填写的 3 个参数。

6.2.1 绘制点必须填写的参数

Canvas 中必须填写的参数有 3 个，分别是 points、pointMode 和 color，下面依次介绍。

1. points

points 的意思是点的集合，该参数的类型为 List<Offset>，Offset 用来表示一个坐标点，在构造方法中给其传入横纵坐标即可。

2. pointMode

pointMode 的意思是点的绘制方式，该参数的类型为 PointMode，这个类之前没有遇到过，先来看看它的源码：

```
enum class PointMode {
    Points,
    Lines,
    Polygon
}
```

从上面的代码可以看出，PointMode 是一个枚举类，里面只有 3 种枚举类型：Points、Lines 和 Polygon。Points 表示分别绘制每个点；Lines 表示将两个点的每个序列绘制为线段，如果点数为奇数，则忽略最后一个点；Polygon 表示将整个点序列绘制为一条线。

3. color

color 作为必须填写的参数其实很好理解，我们需要告诉系统绘制的点是什么颜色，系统才能继续绘制，否则就无法进行绘制了。

至此，3 个必须填写的参数就讲完了，来看看实际使用案例：

```
@Composable
fun DrawPointTest() {
    val points = arrayListOf(
        Offset(100f, 100f),
        Offset(300f, 300f),
        Offset(500f, 500f),
        Offset(700f, 700f),
        Offset(900f, 900f),
    )

    Canvas(modifier = Modifier.size(360.dp)) {
        drawPoints(
            points = points,
            pointMode = PointMode.Points,
            color = Color.Blue,
            strokeWidth = 30f
        )
    }
}
```

上面的代码中首先定义了 5 个坐标点，通过修饰符将 Canvas 的宽高都设置为 360dp，然后在 Canvas 中通过 DSL 开始绘制点，绘制方式使用的是 PointMode.Points，颜色设置为蓝色。除了刚刚讲的 3 个参数外，还用到了参数 strokeWidth，它的默认值为 0，如果不设定，就无法展示了。下面预览一下效果，如图 6-1 所示。

图 6-1　绘制点（另见彩插）

下面我们将绘制方式改为 PointMode.Lines：

```
drawPoints(
    points = points,
    pointMode = PointMode.Lines,
    color = Color.Blue,
    strokeWidth = 30f
)
```

其他代码都没有改动，只修改了绘制方式。刷新后预览效果，如图 6-2 所示。

图 6-2　将绘制方式改为 PointMode.Lines 的效果

可以看到当绘制方式改为 PointMode.Lines 时，将两个点的每个序列绘制为线段。由于我们的点集合中有 5 个点，所以最后一个点被忽略了。

最后，我们将绘制方式改为 PointMode.Polygon：

```
Canvas(modifier = Modifier.size(360.dp)) {
    drawPoints(
        points = points,
        pointMode = PointMode.Polygon,
        color = Color.Blue,
        strokeWidth = 30f
    )
}
```

同样，别的地方都没有修改，只是将绘制方式改为了 PointMode.Polygon。刷新后预览效果，如图 6-3 所示。

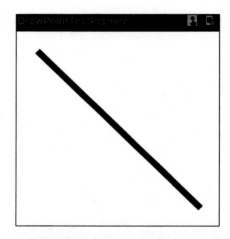

图 6-3　将绘制方式改为 PointMode.Polygon 的效果

可以看到，当绘制方式为 PointMode.Polygon 时，将整个点序列绘制为一条线。

6.2.2　绘制点可选的参数

绘制点可选的参数一共有 6 个：strokeWidth、cap、pathEffect、alpha、colorFilter 和 blendmode。strokeWidth 上面用过了，就是点的宽度；alpha 是透明度，取 0 和 1 之间的 Float 值，之前也用过；colorFilter 在学习 Image 的时候使用过，如果忘记了，可以回顾第 3 章；剩下需要讲的只有 cap、pathEffect 和 blendmode 了。blendmode 由于比较复杂而且在点中使用效果并不好，所以会放到下一节中详细解释，下面看看剩下的 cap 和 pathEffect。

1. cap

cap 参数的类型为 StrokeCap，用来处理线段的末端，默认值为 StrokeCap.Butt。StrokeCap 的源码如下：

6.2 使用 Canvas 绘制点

```
enum class StrokeCap {
    Butt,

    Round,

    Square
}
```

从上面的代码可知，同 PointMode 一样，StrokeCap 也是一个枚举类，也有 3 个枚举类型：Butt、Round 和 Square。Butt 表示线段末端轮廓的起始点和结束点带有平缓的边缘，没有延伸；Round 表示线段末端以半圆开始和结束的轮廓；Square 表示线段末端将每个轮廓延伸笔触宽度的一半。

光说定义可能不好理解，下面逐个试验一下就明白了。上面提到，绘制点默认处理线段末端的默认值为 StrokeCap.Butt，所以上面的示例全是 StrokeCap.Butt。下面我们将示例中的 cap 修改为 StrokeCap.Round：

```
drawPoints(
    points = points,
    pointMode = PointMode.Polygon,
    color = Color.Blue,
    strokeWidth = 50f,
    cap = StrokeCap.Round
)
```

上面的代码除了修改 cap 外，还修改了 strokeWidth，这可以更直观地显示区别。修改完成之后，刷新并预览效果，如图 6-4 所示。

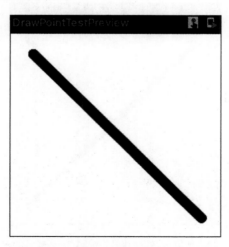

图 6-4　cap 为 StrokeCap.Round 的点

可以看到图 6-4 中的线段末端已经变为了半圆。因为我们增加了点的宽度，所以会更加明显。

下面我们将 cap 修改为 StrokeCap.Square：

```
val points2 = arrayListOf(
    Offset(900f, 100f),
    Offset(700f, 300f),
    Offset(500f, 500f),
    Offset(300f, 700f),
    Offset(100f, 900f),
)
Canvas(modifier = Modifier.size(360.dp)) {
    drawPoints(
        points = points,
        pointMode = PointMode.Polygon,
        color = Color.Blue,
        strokeWidth = 30f,
        cap = StrokeCap.Butt
    )
    drawPoints(
        points = points2,
        pointMode = PointMode.Polygon,
        color = Color.Blue,
        strokeWidth = 30f,
        cap = StrokeCap.Square
    )
}
```

因为 Butt 和 Square 的描述有点儿类似，只写一个恐怕看不出效果，所以这里写了两个，并且写了一组相反的点集合，两个只是 cap 不同。刷新看看效果，如图 6-5 所示。

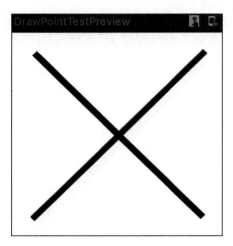

图 6-5　cap 为 StrokeCap.Butt 和 StrokeCap.Square 的点

图 6-5 中左上到右下的 cap 为 StrokeCap.Butt，右上到左下的 cap 为 StrokeCap.Square，可以看出后者的线段比前者稍微长一点儿，这是因为 Square 会将线段末端延伸笔触宽度的一半。

2. pathEffect

pathEffect 参数的类型为 PathEffect，适用于该点的可选效果或图案，默认为 null。PathEffect 的源码如下：

```kotlin
interface PathEffect {
    companion object {

        // 将线段之间的锐角替换为指定半径的圆角
        fun cornerPathEffect(radius: Float): PathEffect = actualCornerPathEffect(radius)

        // 以给定间距绘制一系列虚线，并将其偏移到指定间距数组中
        fun dashPathEffect(intervals: FloatArray, phase: Float = 0f): PathEffect =
            actualDashPathEffect(intervals, phase)

        // 创建将内部效果应用于路径的 PathEffect，然后将外部效果应用于内部效果的结果
        fun chainPathEffect(outer: PathEffect, inner: PathEffect): PathEffect =
            actualChainPathEffect(outer, inner)

        // 通过指定一些特定的形状，并将其标记来绘制路径。这仅适用于笔触形状，填充形状将被忽略
        fun stampedPathEffect(
            shape: Path,
            advance: Float,
            phase: Float,
            style: StampedPathEffectStyle
        ): PathEffect = actualStampedPathEffect(shape, advance, phase, style)
    }
}
```

可以看到 PathEffect 是一个接口，接口中只有一个伴生对象（伴生对象中的方法在 Kotlin 中可以直接使用"类名.方法名"的方式进行调用）。该伴生对象中有 4 个方法，这些方法的返回值都是 PathEffect。所以想要构建 PathEffect 的话，可以直接使用这 4 个方法。

4 个方法的作用见代码注释，在项目中可以根据实际需求选用合适的方法。

6.2.3 使用 Brush 绘制渐变

在 DrawScope 中绘制点其实有两个方法，上面讲到了其中一个，下面来看看另一个方法，其定义如下：

```kotlin
fun drawPoints(
    points: List<Offset>,
    pointMode: PointMode,
    brush: Brush, // 刷子
    strokeWidth: Float = Stroke.HairlineWidth,
    cap: StrokeCap = StrokeCap.Butt,
    pathEffect: PathEffect? = null,
    alpha: Float = 1.0f,
```

```
    colorFilter: ColorFilter? = null,
    blendMode: BlendMode = DefaultBlendMode
)
```

可以看到这个绘制点的方法和上面讲过的参数基本一致,只是将上面的 Color 改为了这里的 Brush。来猜一下,可以替换 Color 的参数,肯定也和颜色有关。下面看看 Brush 的源码:

```
@Immutable
sealed class Brush {
    abstract fun applyTo(size: Size, p: Paint, alpha: Float)

    companion object {
        // 使用给定的开始坐标和结束坐标,使用提供的颜色创建线性渐变
        // 颜色分散在色标对中定义的偏移处
        @Stable
        fun linearGradient(
            vararg colorStops: Pair<Float, Color>,
            start: Offset = Offset.Zero,
            end: Offset = Offset.Infinite,
            tileMode: TileMode = TileMode.Clamp
        ): Brush

        // 使用给定的开始坐标和结束坐标,使用提供的颜色创建线性渐变
        @Stable
        fun linearGradient(
            colors: List<Color>,
            start: Offset = Offset.Zero,
            end: Offset = Offset.Infinite,
            tileMode: TileMode = TileMode.Clamp
        ): Brush

        // 创建一个水平渐变,给定的颜色均匀地分散在渐变中
        @Stable
        fun horizontalGradient(
            colors: List<Color>,
            startX: Float = 0.0f,
            endX: Float = Float.POSITIVE_INFINITY,
            tileMode: TileMode = TileMode.Clamp
        ): Brush = linearGradient(colors, Offset(startX, 0.0f), Offset(endX, 0.0f), tileMode)

        // 创建一个水平渐变,给定的颜色分散在色标对中定义的偏移处
        @Stable
        fun horizontalGradient(
            vararg colorStops: Pair<Float, Color>,
            startX: Float = 0.0f,
            endX: Float = Float.POSITIVE_INFINITY,
            tileMode: TileMode = TileMode.Clamp
        ): Brush

        // 创建一个垂直渐变,给定的颜色均匀地分散在渐变中
        @Stable
```

```kotlin
    fun verticalGradient(
        colors: List<Color>,
        startY: Float = 0.0f,
        endY: Float = Float.POSITIVE_INFINITY,
        tileMode: TileMode = TileMode.Clamp
    ): Brush = linearGradient(colors, Offset(0.0f, startY), Offset(0.0f, endY), tileMode)

    // 在[Pair <Float, Color>]中定义的偏移处创建具有给定颜色的垂直渐变
    @Stable
    fun verticalGradient(
        vararg colorStops: Pair<Float, Color>,
        startY: Float = 0f,
        endY: Float = Float.POSITIVE_INFINITY,
        tileMode: TileMode = TileMode.Clamp
    ): Brush

    // 在色标对中定义的偏移处创建具有给定颜色的径向渐变
    @Stable
    fun radialGradient(
        vararg colorStops: Pair<Float, Color>,
        center: Offset = Offset.Unspecified,
        radius: Float = Float.POSITIVE_INFINITY,
        tileMode: TileMode = TileMode.Clamp
    ): Brush

    // 创建一个径向渐变,给定的颜色均匀地分散在渐变中
    @Stable
    fun radialGradient(
        colors: List<Color>,
        center: Offset = Offset.Unspecified,
        radius: Float = Float.POSITIVE_INFINITY,
        tileMode: TileMode = TileMode.Clamp
    ): Brush

    // 创建给定颜色围绕中心散布的扫描渐变,并在每个色标对中定义偏移量
    // 扫描从3点钟方向开始,然后顺时针继续,直到再次到达起始位置
    @Stable
    fun sweepGradient(
        vararg colorStops: Pair<Float, Color>,
        center: Offset = Offset.Unspecified
    ): Brush

    // 创建给定颜色围绕中心散布的扫描渐变
    // 扫描从3点钟方向开始,然后顺时针继续,直到再次到达起始位置
    @Stable
    fun sweepGradient(
        colors: List<Color>,
        center: Offset = Offset.Unspecified
    ): Brush
    }
}
```

上面 Brush 的代码是经过删减的,可以看到删减后代码依然很多。下面使用一下 Brush:

```
Canvas(modifier = Modifier.fillMaxSize()) {
    drawPoints(
        points = points,
        pointMode = PointMode.Polygon,
        brush = Brush.linearGradient(
            colors = arrayListOf(
                Color.Red,
                Color.Green,
                Color.Blue
            ),
        ),
        strokeWidth = 30f
    )
}
```

上面的代码使用了常用的线性渐变，通过 List 分别传入红色、绿色和蓝色。刷新看看效果，如图 6-6 所示。

图 6-6　线性渐变（另见彩插）

这样线性渐变就绘制完成了，但是颜色是均匀分布的。有时我们需要更加精确地设置每一段的颜色，线性渐变也可以做到，相关代码如下：

```
Canvas(modifier = Modifier.size(360.dp)) {
    drawPoints(
        points = points,
        pointMode = PointMode.Polygon,
        brush = Brush.linearGradient(
            0.0f to Color.Red,
            0.3f to Color.Green,
            0.6f to Color.Yellow,
            1.0f to Color.Blue,
        ),
        strokeWidth = 30f
    )
}
```

上面的代码同样使用的是线性渐变，只不过设置颜色的方式和刚才不同。运行看看效果，如图 6-7 所示。

图 6-7　精确的线性渐变（另见彩插）

大家在实际项目中使用渐变的时候可以根据需求选用渐变方法，上述方法的意思见代码注释。

6.3　使用 Canvas 绘制线和矩形

上一节中我们在 Compose 中使用 Canvas 绘制了点，本节中我们将使用 Canvas 绘制线和面。学会绘制点之后，再绘制线和矩形就比较简单了，赶快开始吧！

6.3.1　绘制线

在讲绘制线之前先来想一个问题：绘制一条线需要什么条件呢？没错，两点才能确定一条直线。想清楚这个问题之后，再来看在 Compose 中如何绘制一条线。

同绘制点一样，绘制线的方法也在 DrawScope 中定义，如下所示：

```
fun drawLine(
    color: Color, // 颜色
    start: Offset, // 线段开始的坐标点
    end: Offset, // 线段结束的坐标点
    strokeWidth: Float = Stroke.HairlineWidth, // 线段宽度
    cap: StrokeCap = Stroke.DefaultCap, // 处理线段的末端
    pathEffect: PathEffect? = null, // 适用于该线段的可选效果或图案
    alpha: Float = 1.0f, // 透明度
    colorFilter: ColorFilter? = null, // 颜色效果
    blendMode: BlendMode = DefaultBlendMode // 混合模式
)
```

发现了没有，绘制线的方法和绘制点的方法特别像，前者中独有的参数只有 start 和 end，二者的类型都是 Offset，用来确定线段两端的坐标，其他参数和绘制点的方法一模一样。下面就来写一个绘制线段的例子：

```
@Composable
fun DrawLineTest() {

    val start = Offset(100f, 100f)
    val end = Offset(900f, 900f)

    Canvas(modifier = Modifier.size(360.dp)) {
        drawLine(
            color = Color.Red,
            start = start,
            end = end,
            strokeWidth = 30f,
            cap = StrokeCap.Round,
        )
    }
}
```

解释一下上面的案例代码：首先定义了两个点，一个为线段的起始点，一个为线段的结束点；然后定义了一个 Canvas 可组合项，其中使用 DSL 的方式绘制线段，将线段的颜色定义为了红色，将起始点和结束点设置进去，线段宽度定义为 30，线段末端做了圆角处理。下面通过 Preview 看看效果，如图 6-8 所示。

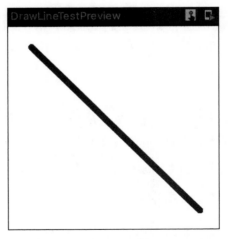

图 6-8　使用 Canvas 绘制线段（另见彩插）

图 6-8 显示上面代码中的设置已经全部生效。只要控制好起始点和结束点，就可以精确地绘制出需要的线段。

6.3.2 绘制矩形

绘制矩形之前也来考虑一个问题：在一张白纸上画一个矩形需要什么条件？需要知道起始点在哪儿，还需要知道矩形的大小，想明白之后我们直接来看看绘制矩形的方法：

```
fun drawRect(
    color: Color,
    topLeft: Offset = Offset.Zero,
    size: Size = this.size.offsetSize(topLeft),
    alpha: Float = 1.0f,
    style: DrawStyle = Fill,
    colorFilter: ColorFilter? = null,
    blendMode: BlendMode = DefaultBlendMode
)
```

在 drawRect 方法中，有 3 个必须填写的参数：color、topLeft 和 size。为什么必须填写这 3 个参数呢？color 肯定是必须填写的，除此之外大家还记得刚才考虑的问题吗？参数 topLeft 相当于起始点，参数 size 相当于矩形的大小。先来看一个绘制矩形的案例：

```
@Composable
fun DrawRectTest() {
    val topLeft = Offset(100f, 100f)
    Canvas(modifier = Modifier.size(360.dp)) {
        drawRect(
            color = Color.Red,
            topLeft = topLeft,
            size = Size(400f, 600f)
        )
    }
}
```

解释一下上面的代码：首先定义了一个矩形的起始点，然后将矩形的颜色设置为红色，矩形的大小设置为宽 400、高 600。下面通过 Preview 看一下绘制的效果，如图 6-9 所示。

图 6-9 使用 Canvas 绘制矩形（另见彩插）

可以看到矩形从我们设置的起始点开始绘制，绘制了我们设置的样式。但是 drawRect 中的参数 style 之前没有遇到过，它的类型为 DrawStyle，意思是矩形是否被描边或填充。下面来看看 DrawStyle 的源码：

```
sealed class DrawStyle

// 指示形状应绘制为完全用提供的颜色或图案填充
object Fill : DrawStyle()

class Stroke(
    // 配置笔画的宽度（以像素为单位）
    val width: Float = 0.0f,

    // 设置笔画斜度值。当连接角度很锐利时，此参数用于控制斜角连接的角度。此值必须大于等于 0
    val miter: Float = DefaultMiter,

    // 设置线段末端的样式
    val cap: StrokeCap = StrokeCap.Butt,

    // 设置直线和曲线段在描边路径上连接的处理方式，默认值为 StrokeJoin.Miter
    val join: StrokeJoin = StrokeJoin.Miter,

    // 应用于笔画的效果，null 表示要绘制实线
    val pathEffect: PathEffect? = null
) : DrawStyle()
```

从上面的代码可以看到，DrawStyle 是一个密封类，有两个子类 Fill 和 Stroke，前者表示矩形整个被填充，后者表示矩形被描边。在 Stroke 中可以设置一些参数，其中大部分参数我们熟悉，但有一点需要注意，这里的 width 和前面学习的一样，默认值也是 0.0f，所以必须进行设置，否则就是空白了。下面看一个绘制描边空心矩形的案例：

```
val topLeft = Offset(100f, 100f)
val rectSize = Size(400f, 600f)
Canvas(modifier = Modifier.size(360.dp)) {
    drawRect(
        color = Color.Red,
        topLeft = topLeft,
        size = rectSize,
        style = Stroke(
            width = 30f,
            miter = 4f,
            cap = StrokeCap.Round,
        )
    )
}
```

可以看到我们将 style 设置为 Stroke，width 设置为 30f，miter 设置为 4f，cap 设置为 StrokeCap.Round。刷新看看效果，如图 6-10 所示。

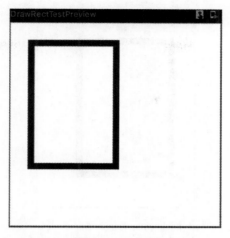

图 6-10　使用 Canvas 绘制空心矩形

Stroke 中的参数 join 之前没有遇到过，它的类型为 StrokeJoin，用来设置直线和曲线段在描边路径上连接的处理方式，默认值为 StrokeJoin.Miter。下面来看看 StrokeJoin 类：

```
enum class StrokeJoin {
    // 线段之间的连接形成尖角
    Miter,

    // 线段之间的连接是半圆形的
    Round,

    // 将线段对接端的角连接起来，以呈现斜角外观
    Bevel
}
```

从上面的代码可以看到，StrokeJoin 也是一个枚举类，它有 3 个枚举类型：Miter、Round 和 Bevel，其默认值为 Miter，就是类似于图 6-10 所示的尖角。下面我们修改一下 join：

```
Canvas(modifier = Modifier.size(360.dp)) {
    drawRect(
        color = Color.Red,
        topLeft = topLeft,
        size = rectSize,
        style = Stroke(
            width = 30f,
            miter = 4f,
            join = StrokeJoin.Round
        )
    )
}
```

修改完成之后刷新，使用 Preview 看看效果，如图 6-11 所示。

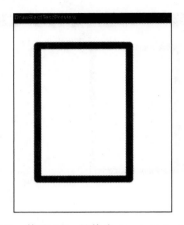

图 6-11　修改 join 的值为 StrokeJoin.Round

可以看到，矩形线段连接的地方变为了半圆（圆角）。

绘制矩形时一定要控制好起始点和矩形的大小，再根据需求选择填充矩形还是进行描边等操作。

6.3.3　绘制圆角矩形

上面我们学习了绘制矩形，而圆角矩形在日常工作中经常使用，下面就来看看怎么绘制圆角矩形。

首先看看绘制圆角矩形的方法，其定义如下：

```
fun drawRoundRect(
    color: Color,
    topLeft: Offset = Offset.Zero,
    size: Size = this.size.offsetSize(topLeft),
    cornerRadius: CornerRadius = CornerRadius.Zero,
    style: DrawStyle = Fill,
    alpha: Float = 1.0f,
    colorFilter: ColorFilter? = null,
    blendMode: BlendMode = DefaultBlendMode
)
```

从上面的代码可以看到，绘制圆角矩形和绘制普通矩形的方法基本一样，只是绘制圆角矩形的方法中多了一个设置圆角的参数 cornerRadius，其参数类型为 CornerRadius，可以直接通过下面的方法进行设置：

```
@Stable
fun CornerRadius(x: Float, y: Float = x) = CornerRadius(packFloats(x, y))
```

上面的 CornerRadius 方法只有两个参数：x 和 y，它们的类型都是 Float，分别针对 x 轴和 y

轴的半径大小构造一个 Radius。需要注意的是，x 必须设置，y 可以不设置，y 如果不设置，其默认值为 x。下面我们来构建一个圆角矩形：

```
@Composable
fun DrawRoundRectTest() {
    val topLeft = Offset(100f, 100f)
    val rectSize = Size(400f, 600f)
    Canvas(modifier = Modifier.size(360.dp)) {
        drawRoundRect(
            color = Color.Red,
            topLeft = topLeft,
            size = rectSize,
            cornerRadius = CornerRadius(50f),
            style = Stroke(
                width = 30f,
                miter = 4f,
                join = StrokeJoin.Round
            )
        )
    }
}
```

这里直接使用上面构建矩形的代码，将 cornerRadius 值修改为 CornerRadius(50f)。通过 Preview 预览效果，如图 6-12 所示。

图 6-12　绘制圆角矩形

可以看到矩形的圆角非常明显。大家在使用圆角矩形的时候可以根据实际需求来设置圆角的值，其他使用方法和矩形的一样。

6.4　使用 Canvas 绘制圆及椭圆

前几节中我们学习了如何使用 Canvas 绘制点、线、矩形和圆角矩形，本节中我们将学习在 Compose 中如何使用 Canvas 绘制圆和椭圆。

6.4.1 绘制圆

圆在日常开发中使用非常普遍，比如绘制饼状图和指示器。同绘制点、线一样，绘制圆的方法也在 DrawScope 中定义，如下所示：

```
fun drawCircle(
    color: Color, // 颜色
    radius: Float = size.minDimension / 2.0f, // 半径
    center: Offset = this.center, // 圆心坐标
    alpha: Float = 1.0f, // 透明度
    style: DrawStyle = Fill, // 样式
    colorFilter: ColorFilter? = null, // 颜色效果
    blendMode: BlendMode = DefaultBlendMode // 混合模式
)
```

绘制一个圆有什么必需的条件呢？没错，需要知道圆心的坐标点和圆的半径。下面来看看 drawCircle 方法中的参数：color 也是必须设置的；radius 就是圆的半径，默认值是当前 Canvas 宽或高较小值的一半；center 就是圆心的坐标，默认值为 Canvas 的中心点；alpha 是透明度；style 用来设置圆的样式；colorFilter 用来设置圆的颜色效果；blendMode 用来设置混合模式。参数都了解之后，我们来绘制一个圆：

```
@Composable
fun DrawCircleTest() {
    Canvas(modifier = Modifier.size(360.dp)) {
        drawCircle(
            color = Color.Blue,
            radius = 300f,
            center = center
        )
    }
}
```

上面的代码使用 Canvas 创建了一个画布，然后绘制了一个半径为 300f 的圆，圆心坐标使用的是画布的中心点。下面通过 Preview 看看效果，如图 6-13 所示。

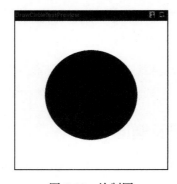

图 6-13　绘制圆

6.4 使用 Canvas 绘制圆及椭圆

可以看到我们成功地绘制了一个圆。如果想要空心圆，通过设置 style 参数就可以实现。只要是绘制面的方法，都会有 style 参数来设置实心还是空心。我们来实现一下：

```
Canvas(modifier = Modifier.size(360.dp)) {
    drawCircle(
        color = Color.Red,
        radius = 300f,
        center = center,
        style = Stroke(
            width = 30f,
        )
    )
}
```

上面的代码只是将 style 由 Fill 修改为了 Stroke，并设置宽度为 30f。刷新看看效果，如图 6-14 所示。

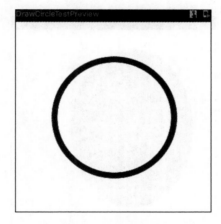

图 6-14 绘制空心圆

6.4.2 绘制椭圆

上一节中我们绘制了圆，本节来绘制椭圆。首先看看绘制椭圆的方法，其定义如下：

```
fun drawOval(
    color: Color,
    topLeft: Offset = Offset.Zero,
    size: Size = this.size.offsetSize(topLeft),
    alpha: Float = 1.0f,
    style: DrawStyle = Fill,
    colorFilter: ColorFilter? = null,
    blendMode: BlendMode = DefaultBlendMode
)
```

然后看看 drawOval 的参数，和 drawCircle 的参数不太一样，但和 drawRect 的参数一模一样，这是为什么呢？我们接着往下看。先来绘制一个椭圆：

```
@Composable
fun DrawOvalTest() {
    val topLeft = Offset(100f, 100f)
    val ovalSize = Size(600f, 800f)
    Canvas(modifier = Modifier.size(360.dp)) {
        drawOval(
            color = Color.Red,
            topLeft = topLeft,
            size = ovalSize
        )
    }
}
```

可以看到，绘制椭圆和绘制矩形除方法名称不同外，别的都相同。通过 Preview 看看实际效果，如图 6-15 所示。

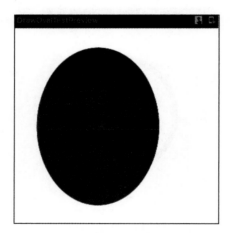

图 6-15　绘制椭圆

可以看到，我们成功绘制出了椭圆。但是，椭圆的参数和矩形的一样，那么一起使用同样的参数绘制矩形和椭圆，会怎么样呢？我们来试一试：

```
Canvas(modifier = Modifier.size(360.dp)) {
    drawRect(
        color = Color.Blue,
        topLeft = topLeft,
        size = ovalSize
    )
    drawOval(
        color = Color.Red,
        topLeft = topLeft,
        size = ovalSize
    )
}
```

使用相同的坐标点和大小同时绘制了矩形和椭圆，这里将矩形的颜色设置为蓝色，将椭圆的颜色设置为红色。刷新看看效果，如图 6-16 所示。

图 6-16　绘制椭圆和矩形（另见彩插）

刚才的问题解决了，为什么椭圆和矩形的参数一样呢？因为椭圆其实就是对矩形做内切形成的。

6.5　使用 Canvas 绘制圆弧、图片及路径

目前很多应用程序中使用了圆弧，各种炫酷的自定义 View 也离不开圆弧的绘制，本节就带大家使用 Compose 中的 Canvas 来绘制圆弧、图片及路径。

6.5.1　绘制圆弧

同绘制点、线等的方法一样，绘制圆弧的方法也在 DrawScope 中定义，如下所示：

```
fun drawArc(
    color: Color, // 圆弧颜色
    startAngle: Float, // 起始角度。0 代表 3 点钟方向
    sweepAngle: Float, // 相对于 startAngle 顺时针绘制的弧度（以度为单位）
    useCenter: Boolean, // 设置圆弧是否要关闭边界中心的标志
    topLeft: Offset = Offset.Zero, // 左上角坐标点
    size: Size = this.size.offsetSize(topLeft), // 大小
    alpha: Float = 1.0f, // 透明度
    style: DrawStyle = Fill, // 样式：Flii 或 Stroke
    colorFilter: ColorFilter? = null, // 颜色效果
    blendMode: BlendMode = DefaultBlendMode // 混合模式
)
```

可以看出，drawArc 方法比绘制椭圆的方法多了 3 个参数：startAngle、sweepAngle 和 useCenter，

其他参数都一致。下面就重点看看多出的这 3 个参数。

startAngle 表示圆弧的起始角度，其类型为 Float。这里需要注意的是，当 startAngle 的值为 0 时代表 3 点钟方向。sweepAngle 表示相对于 startAngle 顺时针绘制的弧度，其类型为 Float。useCenter 表示设置圆弧是否要关闭边界中心的标志。下面看一个绘制圆弧的例子：

```
@Composable
fun DrawArcTest() {
    Canvas(modifier = Modifier.size(360.dp)) {
        drawArc(
            color = Color.Red,
            startAngle = 0f,
            sweepAngle = 90f,
            useCenter = true
        )
    }
}
```

上面的代码将 startAngle 设置为 0f，sweepAngle 设置为 90f，useCenter 设置为 true，所以圆弧将从 3 点钟方向开始顺时针绘制 90 度，并且关闭了边界中心的标志。刷新看看效果，如图 6-17 所示。

图 6-17　绘制圆弧

下面我们修改一下上面例子中的参数：

```
Canvas(modifier = Modifier.size(360.dp)) {
    drawArc(
        color = Color.Red,
        startAngle = 90f,
        sweepAngle = 150f,
        useCenter = false
    )
}
```

可以看到 startAngle 修改为 90f，sweepAngle 修改为 150f，useCenter 设置为 false，所以

圆弧将从 6 点钟方向开始顺时针绘制 150 度，并且关闭了边界中心的标志。再来刷新看看效果，如图 6-18 所示。

图 6-18　绘制关闭边界中心的圆弧

可以看到，如果 useCenter 设置为 true，圆弧会连接中心点，反之则不会连接。如果想要绘制空心圆弧，同样需要设置 style 参数，下面来试试：

```
Canvas(modifier = Modifier.size(360.dp)) {
    drawArc(
        color = Color.Red,
        startAngle = 90f,
        sweepAngle = 150f,
        useCenter = false,
        style = Stroke(width = 10f)
    )
}
```

上面的代码将 style 设置为 Stroke，将边框宽度设置为 10f。刷新看看效果，如图 6-19 所示。

图 6-19　绘制空心圆弧

大家在实际使用的时候一定要注意 startAngle 的值，根据需求选择填充还是描边。

6.5.2 绘制图片

图片在开发中太常见了，本节将带大家在 Compose 中使用 Canvas 绘制图片。同样，绘制图片的方法也在 DrawScope 中定义，如下所示：

```
fun drawImage(
    image: ImageBitmap, // 图片资源
    srcOffset: IntOffset = IntOffset.Zero, // 可选偏移量，代表要绘制的源图片的左上偏移量
    srcSize: IntSize = IntSize(image.width, image.height), // 相对于 srcOffset 绘制的源图片可选尺寸
                                                           // 默认为 image 的宽度和高度
    dstOffset: IntOffset = IntOffset.Zero, // 可选偏移量，表示绘制给定图片的目标位置的左上偏移量
    dstSize: IntSize = srcSize, // 要绘制的目标图片的可选尺寸，默认为 srcSize
    alpha: Float = 1.0f, // 透明度
    style: DrawStyle = Fill, // 样式
    colorFilter: ColorFilter? = null, // 颜色效果
    blendMode: BlendMode = DefaultBlendMode // 混合模式
)
```

可以看到绘制图片方法中只有图片资源是必填参数，别的参数都是可选的，我们先放一张图片看看：

```
@Composable
fun DrawImageTest() {
    val context = LocalContext.current
    val bitmap = BitmapFactory.decodeResource(context.resources, R.drawable.head)
    val image = bitmap.asImageBitmap()
    Canvas(modifier = Modifier.size(360.dp)) {
        drawImage(
            image = image,
        )
    }
}
```

解释一下上面的代码：首先使用 LocalContext.current 获取 context，然后通过 BitmapFactory.decodeResource 获取 bitmap，接着通过 bitmap 的扩展方法 asImageBitmap 将 bitmap 转为绘制图片方法需要的 ImageBitmap，最后将 ImageBitmap 设置进去。刷新后预览效果，如图 6-20 所示。

图 6-20　绘制图片

可以看到成功绘制出了图片，但是特别小，并不理想。下面了解绘制图片方法中别的参数，看看哪个参数可以设置。

首先来看参数 srcOffset，它的类型为 IntOffset，意思是可选偏移量，代表要绘制的源图片的左上偏移量。之前没有见过 IntOffset，但是见过 Offset，Offset 设置的时候参数类型为 Float。IntOffset 的使用方法如下：

```
@Stable
fun IntOffset(x: Int, y: Int): IntOffset =
    IntOffset(packInts(x, y))
```

可以看到，IntOffset 使用时设置的参数为 Int，也是 x 和 y 值。

接着来看参数 srcSize，它的类型为 IntSize，它的作用是相对于 srcOffset 绘制的源图片的可选尺寸。这里也需要注意，IntSize 的使用方法和 Size 一样，也是传入宽和高，只不过参数类型由 Float 改为了 Int。

再来看参数 dstOffset，它的类型也是 IntOffset，意思也是可选偏移量，表示绘制给定图片的目标位置的左上偏移量，默认为当前的原点，以绘制目标图片的目标位置的左上偏移量为默认值。

最后来看参数 dstSize，它的类型也是 IntSize，意思是要绘制的目标图片的可选尺寸，默认为 srcSize。设置 dstSize 就可以设置绘制图片的尺寸。

下面使用上述参数写个例子：

```
Canvas(modifier = Modifier.size(360.dp)) {
    drawImage(
        image = image,
        srcOffset = IntOffset(0,0),
        srcSize = IntSize(100, 100),
        dstOffset = IntOffset(100,100),
        dstSize = IntSize(800, 800)
    )
}
```

可以看到，我们将 srcOffset 设置为左上角，没有偏移；将 srcSize 宽高都设置为 100；将 dstOffset 宽高都设置为偏移 100；将 dstSize 宽高都设置为 800。刷新后预览效果，如图 6-21 所示。

图 6-21 绘制固定大小的图片

在实际开发中绘制图片的时候要记着:srcOffset 和 srcSize 是用来设置源图片的,dstOffset 和 dstSize 才是用来设置目标图片的。

6.5.3 绘制路径

Path 类将多种复合路径（比如之前讲过的点、直线段、贝塞尔曲线）等封装在其内部，即使用 Path 就可以来绘制前面所绘制的所有图形。先来看看绘制 Path 的方法定义：

```
fun drawPath(
    path: Path,
    color: Color,
    alpha: Float = 1.0f,
    style: DrawStyle = Fill,
    colorFilter: ColorFilter? = null,
    blendMode: BlendMode = DefaultBlendMode
)
```

可以看到，绘制 Path 的方法中只有第一个参数 path 之前没有遇到过，其他参数都在前面的章节中学习过。参数 path 的类型为 Path，注意这里的 Path 并不是 Android View 中的 Path，Compose 重写了 Path，不过为我们提供了用于相互转换的扩展函数：Android View 中的 Path 可以通过 Path.asComposePath 方法转为 Compose 中的 Path，Compose 中的 Path 可以通过 Path.asAnroidPath 方法转为 Android View 中的 Path。

由于有了扩展方法，所以在使用 drawPath 的时候如果对 Compose 中的 Path 不熟悉，就可以使用 Android View 中的 Path，然后通过扩展方法转换一下，不过不太推荐这样做，因为 Compose 中的 Path 已经实现了 Android View 中 Path 的功能。下面来看看 Compose 中 Path 的源码：

```kotlin
expect fun Path(): Path

interface Path {

    // 确定如何计算此路径的内部
    var fillType: PathFillType

    // 返回路径的凸度，由路径的内容定义
    val isConvex: Boolean

    // 如果路径为空（不包含直线或曲线），则返回 true
    val isEmpty: Boolean

    // 在给定坐标处开始一个新的子路径
    fun moveTo(x: Float, y: Float)

    // 从当前点以给定偏移量开始一个新的子路径
    fun relativeMoveTo(dx: Float, dy: Float)

    // 从当前点到给定点添加一条直线段
    fun lineTo(x: Float, y: Float)

    // 从当前点到与当前点相距给定偏移量的点添加一条直线段
    fun relativeLineTo(dx: Float, dy: Float)

    // 使用控制点([x1], [y1])添加从当前点到给定点([x2], [y2])弯曲的二阶贝塞尔曲线段
    fun quadraticBezierTo(x1: Float, y1: Float, x2: Float, y2: Float)

    // 使用从当前点偏移([dx1], [dy1])的控制点
    // 添加一个从当前点弯曲到与当前点偏移([dx2], [dy2])的点的二阶贝塞尔曲线段
    fun relativeQuadraticBezierTo(dx1: Float, dy1: Float, dx2: Float, dy2: Float)

    // 使用控制点([x1], [y1])和([x2], [y2])
    // 添加从当前点到给定点([x3], [y3])弯曲的三阶贝塞尔曲线段
    fun cubicTo(x1: Float, y1: Float, x2: Float, y2: Float, x3: Float, y3: Float)

    // 添加一个三阶贝塞尔曲线段，曲线从当前点偏移到([dx3], [dy3])处的点
    // 使用的偏移量为([dx1], [dy1])和([dx2], [dy2])处的控制点
    fun relativeCubicTo(dx1: Float, dy1: Float, dx2: Float, dy2: Float, dx3: Float, dy3: Float)

    // 如果[forceMoveTo]参数为 false，则添加直线段和弧段
    // 如果[forceMoveTo]参数为 true，则启动一个新的由弧段组成的子路径
    fun arcToRad(
        rect: Rect,
        startAngleRadians: Float,
        sweepAngleRadians: Float,
        forceMoveTo: Boolean
    ) {
        arcTo(rect, degrees(startAngleRadians), degrees(sweepAngleRadians), forceMoveTo)
    }

    // 如果[forceMoveTo]参数为 false，则添加直线段和弧段
    // 如果[forceMoveTo]参数为 true，则启动一个新的由弧段组成的子路径
```

```
fun arcTo(
    rect: Rect,
    startAngleDegrees: Float,
    sweepAngleDegrees: Float,
    forceMoveTo: Boolean
)

// 添加一个新的子路径,该子路径由概述给定矩形的 4 行组成
fun addRect(rect: Rect)

// 添加一个新的子路径,该子路径由一条曲线组成,该曲线形成填充给定矩形的椭圆
fun addOval(oval: Rect)

// 添加一个新的子路径,该子路径具有一个弧段
fun addArcRad(oval: Rect, startAngleRadians: Float, sweepAngleRadians: Float)

// 添加一个新的子路径,该子路径具有一个弧段,该弧段由遵循给定矩形所界定的椭圆边缘的弧组成
fun addArc(oval: Rect, startAngleDegrees: Float, sweepAngleDegrees: Float)

// 添加一个圆角矩形
fun addRoundRect(roundRect: RoundRect)

// 添加一个新的子路径,该子路径包含给定的"路径"偏移量和给定的"偏移量"
fun addPath(path: Path, offset: Offset = Offset.Zero)

// 关闭最后一个子路径,就像从子路径的当前点到第一个点画了一条直线一样
fun close()

// 清除所有子路径的[Path]对象,使其返回到创建时的状态
fun reset()

// 按给定偏移量转换每个子路径的所有段
fun translate(offset: Offset)

// 计算路径控制点的边界,并将答案写入边界
fun getBounds(): Rect

// 将路径设置为两个指定路径进行 Op 操作的结果
fun op(
    path1: Path,
    path2: Path,
    operation: PathOperation
): Boolean

companion object {
    // 根据给定"操作"指定的方式组合两条路径
    fun combine(
        operation: PathOperation,
        path1: Path,
        path2: Path
    )
}
}
```

从上面的代码可知 Path 是一个接口,不过我们也可以通过 Path 的方式进行实例化,这是由

于第一行代码中的 Path 方法。

熟悉 Android View 中 Path 的读者应该对这个类中的方法都很熟悉，很多方法连名字都一样。方法的上面都添加了注释，大家可以根据实际需求使用。下面看一个绘制路径的实际案例：

```kotlin
@Composable
fun DrawPathTest() {
    val path = Path()
    path.moveTo(100f, 300f)
    path.lineTo(100f, 700f)
    path.lineTo(800f, 700f)
    path.lineTo(900f, 300f)
    path.lineTo(600f, 100f)
    path.close()
    Canvas(modifier = Modifier.size(360.dp)) {
        drawPath(
            path = path, color = Color.Red,
            style = Stroke(width = 10f)
        )
    }
}
```

首先定义了 path，然后移动到一个点，之后再通过 lineTo 进行连线，最后通过 close 方法进行闭合。刷新后预览效果，如图 6-22 所示。

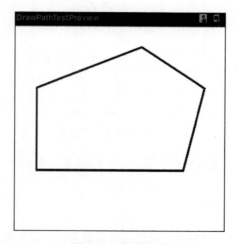

图 6-22　绘制路径

贝塞尔曲线一直是使用 Path 时的难点和重点，下面看一个绘制贝塞尔曲线的案例：

```kotlin
@Composable
fun DrawPathTest() {
    val path = Path()
    path.moveTo(100f, 300f)
    path.lineTo(100f, 700f)
    path.quadraticBezierTo(800f, 700f, 600f, 100f) // 二阶贝塞尔曲线
```

```
        path.cubicTo(700f, 200f, 800f, 400f, 100f, 100f) // 三阶贝塞尔曲线
        path.close()
        Canvas(modifier = Modifier.size(360.dp)) {
            drawPath(
                path = path, color = Color.Red,
                style = Stroke(width = 10f)
            )
        }
    }
```

在上面的案例中,我们简单地使用了二阶贝塞尔曲线和三阶贝塞尔曲线,其实并不难,二阶贝塞尔曲线就是使用控制点(x_1, y_1)添加从当前点到给定点(x_2, y_2)进行弯曲;三阶贝塞尔曲线就是使用控制点(x_1, y_1)和(x_2, y_2),添加从当前点到给定点(x_3, y_3)进行弯曲。刷新看看效果,如图 6-23 所示。

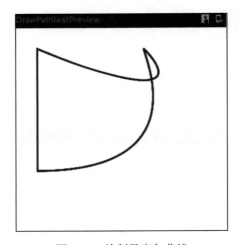

图 6-23　绘制贝塞尔曲线

Path 中还有很多方法,由于篇幅原因就不一一测试了,大家可以根据实际需求选择使用。

6.6　使用混合模式

熟悉 Android View 中自定义 View 的读者一定对混合模式非常熟悉,很多自定义的炫酷功能离不开混合模式,那么混合模式能做些什么呢?接着往下看吧!

6.6.1　Android View 中的混合模式

先来看一张 Android API Demo 中的图片,如图 6-24 所示。

6.6 使用混合模式

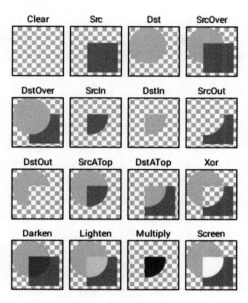

图 6-24 混合模式图解

图 6-24 在一定程度上说明了 Android View 中混合模式的作用，一个圆形和一个方形通过计算产生不同的组合效果，Android View 为我们提供了 18 种混合模式。

6.6.2 Compose 中的混合模式

那么 Compose 中的混合模式是什么呢？就是前面所有绘制方法的最后一个参数 `BlendMode`。`BlendMode` 也是一个枚举类，上面 Android View 中混合模式可以实现的效果在 Compose 中也都可以实现。`BlendMode` 枚举类中的枚举类型和使用说明如表 6-1 所示。

表 6-1 BlendMode 枚举类型说明

枚举类型	说明
`Clear`	删除源图片和目标图片
`Src`	放置目标图片，仅绘制源图片
`Dst`	放置源图片，仅绘制目标图片
`SrcOver`	将源图片合成到目标图片上
`DstOver`	将源图片合成到目标图片下
`SrcIn`	显示源图片，但仅显示两张图片重叠的位置
`DstIn`	显示目标图片，但仅显示两张图片重叠的位置
`SrcOut`	显示源图片，但仅显示两张图片不重叠的位置
`DstOut`	显示目标图片，但仅显示两张图片不重叠的位置

（续）

枚举类型	说　　明
SrcAtop	将源图片合成到目标图片上，但仅在与目标图片重叠的位置合成
DscAtop	将目标图片合成到源图片上，但仅在与源图片重叠的位置合成
Xor	对源图片和目标图片应用按位异或运算符，这将使它们重叠的地方保持透明
Plus	对源图片和目标图片的组成部分求和
Modulate	将源图片和目标图片的颜色分量相乘
Screen	将源图片和目标图片的分量的逆值相乘，然后将结果相逆
Overlay	调整源图片和目标图片的分量以使其适合目标，然后将它们相乘
Darken	通过从每个颜色通道中选择最小值来合成源图片和目标图片
Lighten	通过从每个颜色通道中选择最大值来合成源图片和目标图片
ColorDodge	将目标除以源的倒数
ColorBurn	将目标的倒数除以源，然后将结果求倒数
HardLight	调整源图片和目标图片的分量以使其适合源图片，然后将它们相乘
SoftLight	对于小于 0.5 的源值使用 ColorDodge，对于大于 0.5 的源值使用 ColorBurn
Difference	从每个通道的较大值中减去较小的值
Exclusion	从两张图片的总和中减去两张图片乘积的两倍
Multiply	将源图片和目标图片的分量（包括 Alpha 通道）相乘
Hue	获取源图片的色相以及目标图片的饱和度和光度
Saturation	获取源图片的饱和度以及目标图片的色相和亮度
Color	获取源图片的色相和饱和度以及目标图片的光度
Luminosity	获取源图片的亮度以及目标图片的色相和饱和度

从表 6-1 中可以看出，Compose 混合模式中的类型比 Android View 中多了 11 种，多出来的已经在表 6-1 中加粗显示。下面看看怎样使用 Compose 中的混合模式：

```
@Composable
fun DrawBlendModeTest() {
    Canvas(modifier = Modifier.size(360.dp)) {
        drawCircle(
            color = Color.Yellow,
            radius = 175f,
            center = Offset(350f, 350f),
            blendMode = BlendMode.Clear
        )
        drawRect(
            color = Color.Blue,
            topLeft = Offset(300f, 300f),
            size = Size(350f, 350f),
            blendMode = BlendMode.Clear
        )
    }
}
```

上面的代码也模仿 Android View 绘制了一个圆和一个矩形，圆代表目标图片 Dst，矩形代表源图片 Src，然后将混合模式都设置为 BlendMode.Clear，即删除源图片和目标图片。刷新看看效果，如图 6-25 所示。

图 6-25　将混合模式设置为 BlendMode.Clear

按表 6-1 中的解释，BlendMode.Clear 应该是删除源图片和目标图片才对啊，可在图 6-25 中为什么还会显示出图形呢？这是因为我们在使用 Preview 的时候为它添加了背景颜色，而使用 Clear 的时候会将其清除显示透明，所以就会显示黑色。

大家在 Compose 中使用混合模式时一定要注意目标图片和源图片的区别。使用好混合模式可以做出非常炫酷的效果，赶快试试吧！

6.7　小结

哇！终于学习完第 6 章了，本章主要介绍了如何在 Compose 中使用自定义 View。自定义 View 在实际开发过程中是不可缺少的，也是一项必备技能，一定要好好掌握！

赶快喝一杯咖啡提提神，我们又要出发了！

第 7 章

动画的点点滴滴

动画在日常开发中使用得非常频繁，它可以让应用程序更加人性化，提升应用程序的体验。但是在 Android View 中使用动画非常烦琐，而 Compose 提供了一些功能强大且可扩展的动画 API，让我们可以在应用程序页面中非常轻松地实现各种动画效果。

本章主要内容有：

- 简单使用动画；
- 学习 Compose 的低级别动画；
- 学习 Compose 中的手势。

下面我们一起来学习 Compose 的动画吧！

7.1 简单使用动画

Compose 为我们常用的动画都提供了高级别的 API，比如放大缩小效果、淡入淡出效果，等等，而且这些 API 都经过专门的设计，符合 Material Design 的规范。

7.1.1 可见性动画

大家在开发过程中一定写过这样的需求：当符合某个条件的时候就显示某个控件，否则就隐藏该控件。对于这种需求，一般通过控制控件的 `alpha` 值来实现，如果需要实现复杂点儿的动画，可能需要 `alpha`、`transition`、`scale` 等配合来实现。但在 Compose 中，对于这样的需求，我们可以使用 `AnimatedVisibility` 可组合项来实现。来看看使用案例：

```
@ExperimentalAnimationApi
@Composable
fun EasyAnimation() {

    val visible = remember { mutableStateOf(true) }
    Column(modifier = Modifier.size(360.dp).padding(10.dp)) {
```

```
        Button(onClick = { visible.value = !visible.value }) {
            Text("可见性动画")
        }
        AnimatedVisibility(visible = visible.value) {
            Text(
                text = "天青色等烟雨，而我在等你，炊烟袅袅升起，隔江千万里",
                modifier = Modifier.size(150.dp)
            )
        }
    }
}
```

解释一下上面的代码：首先通过 remember 创建一个 State 来记住当前显示的状态，然后创建了一个竖向线性布局 Column，将 Column 的宽高都设置为 360dp，内边距 padding 设置为 10dp，之后在 Column 内创建了一个 Button，其点击事件设置为修改显示状态的 State。如果想让某个布局实现可见性动画，就需要使用 AnimatedVisibility 将这个布局包裹起来，然后对其设置可见性。这里需要注意的是，AnimatedVisibility 也是一个实验性的 API，所以在使用的时候需要在可组合项方法上添加 ExperimentalAnimationApi 注解。下面看看运行结果，如图 7-1 所示。

图 7-1　使用可见性动画

直接使用 Preview 是无法进行交互的，即点击按钮是没用的。我们可以点击如图 7-1 箭头所指的按钮来打开 Preview 的互动模式，然后点击按钮就可以看到可见性动画的效果了。由于纸书无法显示动画效果，因此这里不做展示。这里实际的动画有淡入淡出和扩展收缩的效果。下面来看看 AnimatedVisibility 方法的定义：

```
@ExperimentalAnimationApi
@Composable
fun AnimatedVisibility(
    visible: Boolean, // 当前是否可见
```

```
    modifier: Modifier = Modifier, // 修饰符
    enter: EnterTransition = fadeIn() + expandIn(), // 显示的动画，默认情况下会逐渐淡入
    exit: ExitTransition = shrinkOut() + fadeOut(), // 关闭的动画，默认情况下会在缩小时淡出
    initiallyVisible: Boolean = visible, // 控制是否对第一个外观进行动画处理，默认为匹配 visible
    content: @Composable () -> Unit // 子控件
) {
    AnimatedVisibilityImpl(visible, modifier, enter, exit, initiallyVisible, content)
}
```

来看看 AnimatedVisibility 的参数：第一个参数为 visible，其类型为 Boolean，控制当前内容是否可见，根据实际需求设定即可；第二个参数 modifier 为修饰符；第三个参数为 enter，其类型为 EnterTransition，用来控制显示的动画，默认情况下动画为逐渐淡入；第四个参数为 exit，其类型为 ExitTransition，用来控制关闭的动画，默认情况下动画为缩小并淡出；第五个参数为 initiallyVisible，其类型为 Boolean，用来控制是否对第一个外观进行动画处理，默认值为我们设置的 visible 值。

其中只有两个参数之前没有遇到过：enter 和 exit。我们先来看 enter，它的类型为 EnterTransition，默认值有些奇怪，为 fadeIn() + expandIn()，这种写法之前没有见过。来看看 EnterTransition 的源码：

```
@ExperimentalAnimationApi
@Immutable
sealed class EnterTransition {
    internal abstract val data: TransitionData

    // 组合不同的输入动画
    @Stable
    operator fun plus(enter: EnterTransition): EnterTransition {
        return EnterTransitionImpl(
            TransitionData(
                fade = data.fade ?: enter.data.fade,
                slide = data.slide ?: enter.data.slide,
                changeSize = data.changeSize ?: enter.data.changeSize
            )
        )
    }
}
```

可以看到，EnterTransition 是一个密封类，其中只有一个方法，而且该方法有 operator 前缀，这表示运算符重载，重载了 "+" 号，可以用来组合不同的输入动画。下面来看看 ExitTransition 的源码：

```
@ExperimentalAnimationApi
@Immutable
sealed class ExitTransition {
    internal abstract val data: TransitionData
```

```
// 组合不同的退出过渡动画
@Stable
operator fun plus(exit: ExitTransition): ExitTransition {
    return ExitTransitionImpl(
        TransitionData(
            fade = data.fade ?: exit.data.fade,
            slide = data.slide ?: exit.data.slide,
            changeSize = data.changeSize ?: exit.data.changeSize
        )
    )
}
```

可以看出，它和 `EnterTransition` 非常相似，都是密封类，都进行了对"+"号的运算符重载，都可以用来组合不同的动画。

下面就来看看 Compose 为 `EnterTransition` 和 `ExitTransition` 提供了哪些可以组合的动画。

1. EnterTransition

首先来看 Compose 为 `EnterTransition` 提供的可组合动画有哪些。

- `fadeIn`：使用提供的动画规格，从指定的起始 alpha 到 1f 淡入。alpha 默认为 0f，动画规格默认使用 spring。
- `slideIn`：从定义的起始偏移量到 `IntOffset(0,0)` 滑动内容。可以通过配置控制幻灯片的方向。正 x 值表示从右向左滑动，负 x 值表示从左向右滑动。类似地，正 y 值和负 y 值分别对应向上滑动和向下滑动。
- `expandIn`：将显示内容的剪辑范围从返回的大小扩展到完整大小。可以控制首先显示哪一部分内容。默认情况下，剪辑范围从 `IntSize(0,0)` 至完整大小设置动画，从显示内容的右下角（或 RTL 布局中的左下角）逐渐扩展至显示整个内容。
- `expandHorizontally`：将显示内容的剪辑范围从返回的宽度水平扩展到整个宽度。可以控制首先显示哪一部分内容。默认情况下，剪辑范围从 0 到全宽设置动画，逐渐扩展到显示整个内容。
- `expandVertically`：将显示内容的剪辑范围从返回的高度垂直扩展到整个高度。可以控制首先显示哪一部分内容。默认情况下，剪辑范围从 0 到全高设置动画，首先显示底边，然后显示其余内容。
- `slideInHorizontally`：从定义的起始偏移量到 0 水平滑动内容（以像素为单位）。可以通过配置控制幻灯片的方向。正值表示从右向左滑动，负值表示从左向右滑动。
- `slideInVertically`：从定义的起始偏移量到 0 垂直滑动内容（以像素为单位）。可以通过配置控制幻灯片的方向。正值意味着向上滑动，负值意味着向下滑动。

2. ExitTransition

下面来看 Compose 为 `ExitTransition` 提供的可组合动画有哪些。

- `fadeOut`：使用提供的动画规格，从完全不透明到目标 alpha 淡出。默认情况下，内容将淡出为完全透明，动画规格也默认使用 spring。
- `slideOut`：从 `IntOffset(0,0)` 到定义的目标偏移量滑动内容。可以通过配置控制幻灯片的方向。x 值为正表示从左向右滑动，x 值为负表示从右向左滑动。类似地，正 y 值和负 y 值分别对应向下滑动和向上滑动。
- `shrinkOut`：将消失内容的剪辑范围从完整大小缩小到返回的大小。可以控制范围缩小动画的方向。默认情况下，剪辑范围从完整大小至 `IntSize(0,0)` 设置动画，并朝内容的右下角（或 RTL 布局中的左下角）缩小。
- `shrinkHorizontally`：将消失内容的剪辑范围从整个宽度水平缩小到返回的宽度。可以控制范围缩小动画的方向。默认情况下，剪辑范围从全宽到 0 设置动画，并朝内容的结尾缩小。
- `shrinkVertically`：将消失内容的剪辑范围从整个高度垂直缩小到返回的高度。可以控制范围缩小动画的方向。默认情况下，剪辑范围从全高到 0 设置动画，并朝内容的底部缩小。
- `slideOutHorizontally`：从 0 到定义的目标偏移量水平滑动内容（以像素为单位）。可以通过配置控制幻灯片的方向。正值表示向右滑动，负值表示向左滑动。
- `slideOutVertically`：从 0 到定义的目标偏移量垂直滑动内容（以像素为单位）。可以通过配置控制幻灯片的方向。正值表示向下滑动，负值表示向上滑动。

对比 `EnterTransition` 和 `ExitTransition` 的可组合动画，我们发现都是成对出现的，而且动画效果相反，因此我们可以随意组合。来看看实际使用案例：

```
val visible = remember { mutableStateOf(true) }
Column(modifier = Modifier.size(360.dp).padding(10.dp)) {
    Button(onClick = { visible.value = !visible.value }) {
        Text("可见性动画")
    }
    AnimatedVisibility(
        visible = visible.value,
        enter = slideIn({ IntOffset(400,400) }) + expandIn(),
        exit = slideOut({ IntOffset(400,400) }) + shrinkOut()
    ) {
        Text(
            text = "天青色等烟雨，而我在等你，炊烟袅袅升起，隔江千万里",
            modifier = Modifier.size(150.dp)
        )
    }
}
```

上面的代码中我们修改了 AnimatedVisibility 的 enter 显示动画和 exit 关闭动画，将 enter 设置为 slideIn({ IntOffset(400,400) }) + expandIn()，exit 设置为 slideOut({ IntOffset(400,400) }) + shrinkOut()。大家在实际使用的时候可以随意组合动画，以达到预期效果。

7.1.2 布局大小动画

大家一定都见过如图 7-2 所示的朋友圈的阅读全文功能，当朋友圈内容过多显示不全的时候，点击"全文"按钮就会显示完整的内容。

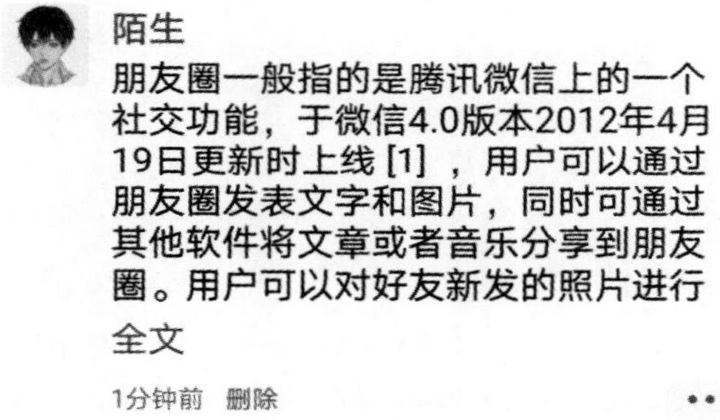

图 7-2　朋友圈

在 Android View 中，想要实现这个功能比较麻烦，但在 Compose 中，只需调用 Modifier 的扩展方法 animateContentSize 即可实现。先来看看这个扩展方法的定义：

```
fun Modifier.animateContentSize(
    animationSpec: FiniteAnimationSpec<IntSize> = spring(),
    finishedListener: ((initialValue: IntSize, targetValue: IntSize) -> Unit)? = null
): Modifier
```

使用 animateContentSize 扩展方法，当其子修改器更改大小时，此修改器将为其自身设置动画尺寸。这使得父修改器可以观察到平滑的大小变化，从而导致整体上连续的视觉变化。animateContentSize 扩展方法中有两个参数：animationSpec 前面遇到过，用于动画尺寸变化的动画，默认为 spring；finishedListener 是一个监听器，当内容更改动画完成时会进行回调，回调时会将初始值和目标值（即最终大小）也同时传回来，这里需要注意，如果动画中断，则初始值将是中断点的大小。

了解了 animateContentSize 扩展方法之后，来看看具体如何实现朋友圈的功能，相关代码如下：

```
@Composable
fun EasyAnimation() {
    val expend = remember { mutableStateOf(false) }
    Column(modifier = Modifier.size(360.dp).padding(10.dp)) {
```

```
        Text(
            text = "朋友圈一般指的是腾讯微信上的一个社交功能，于微信 4.0 版本 2012 年 4 月 19 日更新时
                上线 [1] ， " +
                "用户可以通过朋友圈发表文字和图片，同时可通过其他软件将文章或者音乐分享到朋友圈。" +
                "用户可以对好友新发的照片进行"评论"或"赞"，其他用户只能看相同好友的评论或赞。",
            fontSize = 16.sp,
            textAlign = TextAlign.Justify,
            overflow = TextOverflow.Ellipsis,
            modifier = Modifier
                .animateContentSize(),
            maxLines = if (expend.value) Int.MAX_VALUE else 2
        )
        Text(if (expend.value) "收起" else "全文", color = Color.Blue, modifier = Modifier.clickable
        {
            expend.value = !expend.value
        })
    }
}
```

解释一下上面的代码。首先使用 remember 记住了一个 State 值，用来控制可组合项是否重组。然后定义了一个 Column，其中定义了两个 Text：第一个 Text 用来展示朋友圈的内容，并使用了 Modifier.animateContentSize 来实现布局动画；第二个 Text 用来展示展开全文或关闭全文的按钮，并使用 Modifier.clickable 为 Text 添加了点击事件，在点击事件中改变 State 值以重组可组合项并执行动画。刷新后预览效果，如图 7-3 所示。

图 7-3　模仿朋友圈

可以看到默认运行和朋友圈的效果一样，即默认不展示所有内容。下面点击"全文"按钮，出现如图 7-4 所示的页面。

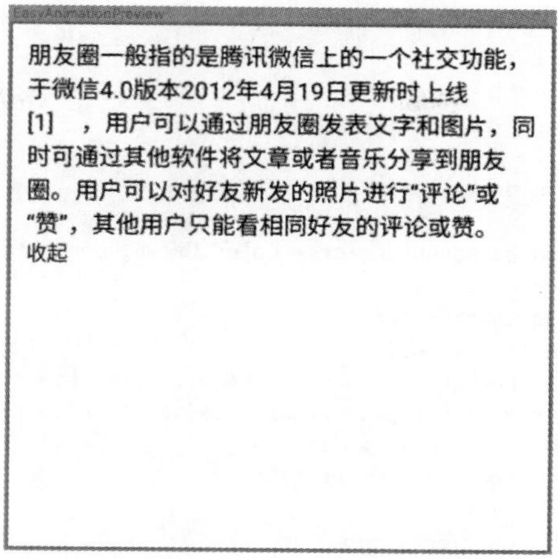

朋友圈一般指的是腾讯微信上的一个社交功能，于微信4.0版本2012年4月19日更新时上线[1]，用户可以通过朋友圈发表文字和图片，同时可通过其他软件将文章或者音乐分享到朋友圈。用户可以对好友新发的照片进行"评论"或"赞"，其他用户只能看相同好友的评论或赞。收起

图 7-4　模仿朋友圈展开

大家在使用布局大小动画的时候可以根据实际需求修改动画规格，并且可以通过回调来监听布局的大小变化。

7.1.3　布局切换动画

很多场景会用到布局切换动画，比如第 5 章中底部导航栏上面页面之间的切换。

Compose 中的布局切换动画为 `Crossfade`，它可使用淡入淡出动画在两个布局之间添加动画效果。通过切换传递给 `current` 参数的值，可以给内容添加上淡入淡出的动画。先来看看 `Crossfade` 的方法定义：

```
@Composable
fun <T> Crossfade(
    targetState: T,
    modifier: Modifier = Modifier,
    animationSpec: FiniteAnimationSpec<Float> = tween(),
    content: @Composable (T) -> Unit
)
```

可以看到 `Crossfade` 一共可以接收 4 个参数：第一个参数是 `targetState`，其类型为泛型，代表目标布局状态的键，每次更改键都会触发动画，用旧键调用的布局将淡出，而用新键调用的布局将淡入；第二个参数为 `modifier`，大家可以根据需求来修改；第三个参数为 `animationSpec`，其类型为 `FiniteAnimationSpec<Float>`，也是动画规格，其默认值为 `tween()`，`tween()` 创建了一个配置给定的持续时间、延迟和缓和曲线的补间动画；第四个参数为 `content`，其类型为 `@Composable (T) -> Unit`，第一个参数传入的泛型在这里通过参数实现回调。

下面来看一个例子：

```
@Composable
fun BottomNavigationTest() {
    val tabs = ZhuTabs.values()
    var position by remember { mutableStateOf(ZhuTabs.ONE) }
    Scaffold(
        backgroundColor = Color.Yellow,
        bottomBar = {
            BottomNavigation(backgroundColor = Color.Green, contentColor = Color.Blue) {
                tabs.forEach { tab ->
                    BottomNavigationItem(
                        modifier = Modifier
                            .background(MaterialTheme.colors.primary),
                        icon = { Icon(painterResource(tab.icon), contentDescription = null) },
                        label = { Text(tab.title) },
                        selected = tab == position,
                        onClick = {
                            position = tab
                        },
                        alwaysShowLabel = true,
                        selectedContentColor = Color.Yellow,
                        unselectedContentColor = Color.Red
                    )
                }
            }
        }
    ) {
        // 切换布局
        when (position) {
            ZhuTabs.ONE -> One()
            ZhuTabs.TWO -> Two()
            ZhuTabs.THREE -> Three()
            ZhuTabs.FOUR -> Four()
        }
    }
}
```

上面的代码是 5.4 节底部导航栏中的代码，其中切换布局的代码添加了注释。之前这样写切换布局的时候是没有任何动画的，下面添加布局切换动画：

```
Crossfade(targetState = position) { screen ->
    when (screen) {
        ZhuTabs.ONE -> One()
        ZhuTabs.TWO -> Two()
        ZhuTabs.THREE -> Three()
        ZhuTabs.FOUR -> Four()
    }
}
```

只需将上面切换布局的代码换为 Crossfade 即可。现在再运行代码，点击底部导航栏切换页面，就会有淡入淡出的动画效果了。

7.2 低级别动画

上一节介绍的几种动画效果都属于高级别动画，本节将介绍低级别动画。这时可能有人会有疑问：为什么这里才讲低级别动画？正常的顺序不应该是先学习低级别再学习高级别的吗？原因是低级别动画的实现比较复杂。

7.2.1 属性动画

现在大家都知道 Compose 是声明式的，不仅仅是布局，连动画都是声明式的，同样是状态驱动 UI 来刷新。

animate*AsState 函数是 Compose 中最简单的动画 API，可将即时值变化呈现为动画值。它由 Animatable 提供支持，Animatable 是一种基于协程的动画 API，用于为单个值添加动画效果。updateTransition 可创建过渡对象，用于管理多个动画值，并且根据状态变化运行这些值。rememberInfiniteTransition 与其类似，不过，它会创建一个无限过渡对象，以管理多个无限期运行的动画。所有这些 API 都是可组合项（Animatable 除外），这意味着这些动画可以在非组合期间创建。

下面先来看一下 animatDpAsState 函数的用法。顾名思义，该函数是用来处理 Dp 值修改的动画的，它的定义如下：

```
@Composable
fun animateDpAsState(
    targetValue: Dp,
    animationSpec: AnimationSpec<Dp> = dpDefaultSpring,
    finishedListener: ((Dp) -> Unit)? = null
): State<Dp>
```

可以看到 animateDpAsState 函数一共有 3 个参数：第一个参数为 targetValue，其类型为 Dp，就是动画的目标值；第二个参数为 animationSpec，用来进行动画相关的配置；最后一个参数为 finishedListener，并且将最后的 Dp 值回调。下面来看看实际使用案例：

```
@Composable
fun AnimateAsStateTest() {
    var isSmall by remember { mutableStateOf(true) }
    val size: Dp by animateDpAsState(if (isSmall) 40.dp else 100.dp,){
        Log.e("ZHUJIANG", "AnimateAsStateTest: $it")
    }
    Column(Modifier.padding(16.dp)) {
        Button(
            onClick = { isSmall = !isSmall },
            modifier = Modifier.padding(vertical = 16.dp)
        ) {
            Text("Change Size Dp")
```

```
        }
        Box(
            Modifier.size(size).background(Red)
        )
    }
}
```

同样，这里也是首先使用 remember 记住一个 State，表示 Box 的 size 状态；然后通过 animateDpAsState 构建一个可订阅的 State（animateDpAsState 中也可以传入 animationSpec，用来进行动画相关的配置）；接着构建了一个 Column，在 Column 中构建了一个 Button，其点击事件设置为修改 State 值，以此触发可组合项重组并执行相关动画；最后写了一个 Box，size 设置为上面为它定义的大小。运行看看效果，如图 7-5 所示。

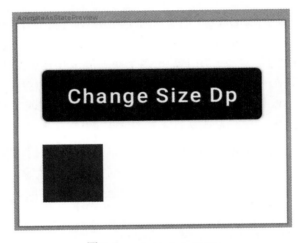

图 7-5　animateDpAsState

当点击图 7-5 中上面按钮的时候，Box 的 size 会伴随着动画增大为 100dp，再次点击的时候就会伴随着动画缩小为 40dp。

这里需要注意，我们无须创建任何动画类的实例，也不必处理中断。系统会在后台调用点创建并记录一个动画对象（即 Animatable 实例），并将第一个目标值设为初始值。此后，只要我们为此可组合项提供不同的目标值，系统就会自动开始向该值播放动画。如果已有动画在播放，系统将从其当前值（和速度）开始向目标值播放动画。在播放动画期间，这个可组合项会重组，并返回已更新的每帧动画值。

Compose 中不只为 Dp 提供了 animate*AsState 函数，还为 Float、Color、Dp、Size、Bounds、Offset、Rect、Int、IntOffset 和 IntSize 提供了 animate*AsState 函数。实际使用过程中可以根据需求选择不同的 animate*AsState 函数。

7.2.2 帧动画

帧动画是一种常见的动画形式，也就是在时间轴上逐帧绘制不同的内容，使其连续播放形成动画。帧动画非常灵活，几乎可以表现任何你想表现的内容。Compose 中的帧动画使用 Animatable 来实现。Animatable 是一个值容器，它可以在通过 animateTo 更改值时为值添加动画效果。该 API 支持 animate*AsState 的实现，它可确保连续性和互斥性，这意味着值变化始终是连续的，并且会取消任何正在播放的动画。来看看如何使用 Animatable：

```
@Composable
fun AnimatableTest() {
    val ok = remember { mutableStateOf(false) }
    val color = remember {
        Animatable(
            initialValue = Color.Red,
        )
    }
    LaunchedEffect(ok) {
        color.animateTo(if (ok.value) Color.Yellow else Color.Green)
    }
    Box(Modifier.size(360.dp).background(color.value))
}
```

在上面的代码中，我们创建并记住了初始值为 Color.Red 的 Animatable 实例，使用 remember 标记 ok 的值，颜色将以动画形式呈现（Color.Yellow 或 Color.Green）。下面看看运行结果，如图 7-6 所示。

图 7-6　Animatable 实现

这种动画实现支持前面提到的 animate*AsState API，与之相比，使用 Animatable 可以直接对以下两方面进行更精细的控制：一，Animatable 的初始值可以与第一个目标值不同，例如，上面的代码示例首先显示一个灰色框，然后立即开始通过动画呈现为绿色或红色；二，Animatable 对内容值提供了更多操作，snapTo 可立即将当前值设为目标值。如果动画本身不是唯一的可信来源，且必须与其他状态（如触摸事件）同步，该函数就非常有用，animateDecay 可以用于启动从给定速度变慢的动画。

使用 Animatable 需要注意的是，Animatable 只为 Float 和 Color 提供了开箱即用的支持，不过不用担心，Compose 为我们提供了 TwoWayConverter，因此可使用任何数据类型，7.3.2 节中将会介绍 TwoWayConverter。

7.2.3 多动画同步

平时开发的时候一般会同时组合多个动画，并保持同步，以此实现特定的动画效果，在 Compose 中需要使用 updateTransition 可组合项来实现。Transition 可以管理一个或多个动画并将其作为其子项，并在多个状态之间同时运行这些动画。这里的状态可以是任何数据类型，但开发过程中一般会自定义一个密封类来确保类型安全。来看一个例子：

```
private sealed class BoxState(val color: Color, val size: Dp, val offset: Dp, val angle: Float) {
    operator fun not() = if (this is Small) Large else Small

    object Small : BoxState(Blue, 60.dp, 20.dp, 0f)
    object Large : BoxState(Red, 90.dp, 50.dp, 45f)
}
```

上面的 BoxState 是一个密封类，它定义了 4 个参数，分别是颜色、大小、平移和角度，然后创建了两个子类，传入了不同的参数以做区别，最后对 "!" 进行了操作符的重载，方便之后使用。下面看看如何使用 Transition：

```
@Composable
fun TransitionTest() {
    var boxState: BoxState by remember { mutableStateOf(BoxState.Small) }
    val transition = updateTransition(targetState = boxState, label = "transition")
    val color by transition.animateColor(label = "color") {
        boxState.color
    }
    val size by transition.animateDp(label = "size") {
        boxState.size
    }
    val offset by transition.animateDp(label = "offset") {
        boxState.offset
    }
    val angle by transition.animateFloat(label = "angle") {
```

```
        boxState.angle
    }
    Column(Modifier.padding(16.dp).size(360.dp)) {
        Button(
            onClick = { boxState = !boxState }
        ) {
            Text("Transition Test")
        }
        Box(
            Modifier.padding(top = 20.dp)
                .rotate(angle)
                .size(size)
                .offset(x = offset)
                .background(color)
        )
    }
}
```

首先通过 remember 记住了 BoxState 的值，默认值为 BoxState.Small，然后通过 updateTransition 创建了一个 Transition 对象，接着通过 Transition 的扩展方法获取 BoxState 中的对应值，点击按钮的时候会使用上面重载的 "!" 操作符来修改状态，最后将对应值设置到 Box 中。下面来看看运行结果，如图 7-7 所示。

图 7-7　Transition 实现

从图 7-7 可以看到，运行之后使用的是默认状态 BoxState.Small 中的值，当点击按钮之后会通过动画转换为 BoxState.Large 中的值，效果如图 7-8 所示。

图 7-8　运行 Transition 动画

从图 7-8 中可以看到，点击按钮之后已经修改为 BoxState.Large 中的值。同样，Transition 根据属性类型的不同，也有多种扩展函数，如图 7-9 所示。

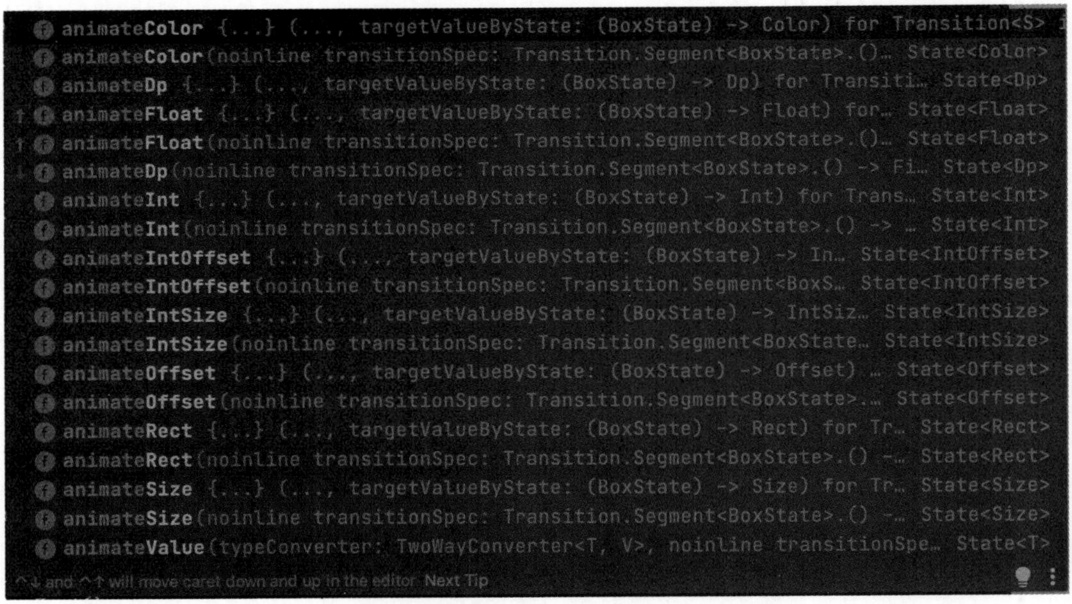

图 7-9　Transition 扩展函数

从图 7-9 中可以看到，Transition 中的扩展函数有很多，大家在实际开发中可以根据不同的需求选择使用。

7.2.4 多动画重复

重复动画很常见，比如应用程序中的加载动画，一直重复执行，直到数据加载完成。在 Compose 中重复动画使用 `InfiniteTransition` 来构建，`InfiniteTransition` 可以像 `Transition` 一样保存一个或多个子动画，但是，这些动画一进入组合阶段就开始运行，除非被移除，否则不会停止。来看看实际使用案例：

```
@Composable
fun InfiniteTransitionTest() {
    val infiniteTransition = rememberInfiniteTransition()
    val color by infiniteTransition.animateColor(
        initialValue = Color.Red,
        targetValue = Color.Green,
        animationSpec = infiniteRepeatable(
            animation = tween(1000, easing = LinearEasing),
            repeatMode = RepeatMode.Reverse
        )
    )

    Box(Modifier.size(360.dp).background(color))
}
```

在 Compose 中创建 `InfiniteTransition` 实例需要使用 `rememberInfiniteTransition`，通过 `animateColor`、`animatedFloat` 或 `animatedValue` 添加子动画，然后设置 `infiniteRepeatable` 指定动画规范。下面来看看运行结果，如图 7-10 所示。

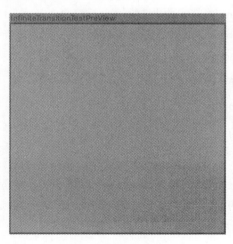

图 7-10 重复动画

运行之后会不断地在红色和绿色之间切换。如前所述，这些动画一进入组合阶段就开始运行，除非被移除，否则不会停止。

7.3 自定义动画

很多动画 API 通常能接收用于自定义其行为的参数,比如上面定义的重复动画中的 tween(1000, easing = LinearEasing),其实就是通过可选参数 AnimationSpec 创建的动画。本节将带大家学习如何定义不同规格的动画。

7.3.1 动画规格——AnimationSpec

前几节中我们经常遇到的参数类型为 AnimationSpec,它用来存储动画规格,包括要进行动画处理的数据类型、将数据转换为动画后将使用的动画配置。AnimationSpec 是一个接口,Compose 为我们实现了常用的一些动画规格,快来看看吧!

1. 基于物理特性的动画——spring

spring 可在起始值和结束值之间创建基于物理特性的动画。先来看看 spring 的源码:

```
@Stable
fun <T> spring(
    dampingRatio: Float = Spring.DampingRatioNoBouncy,
    stiffness: Float = Spring.StiffnessMedium,
    visibilityThreshold: T? = null
): SpringSpec<T> =
    SpringSpec(dampingRatio, stiffness, visibilityThreshold)
```

这里我们介绍一下 spring 接收的两个参数:dampingRatio 和 stiffness。dampingRatio 定义弹簧的弹性,默认值为 Spring.DampingRatioNoBouncy;stiffness 定义弹簧应向结束值移动的速度,默认值为 Spring.StiffnessMedium。下面来看看实际使用案例:

```
val value by animateFloatAsState(
    targetValue = 1f,
    animationSpec = spring(
        dampingRatio = Spring.DampingRatioHighBouncy,
        stiffness = Spring.StiffnessMedium
    )
)
```

相比基于时长的 AnimationSpec 类型,spring 可以更流畅地处理中断,因为它可以在目标值在动画中变化时保证速度的连续性。spring 在很多动画 API 中是动画规格的默认值,比如 animate*AsState 和 updateTransition。

2. 渐变动画——tween

tween 用来创建使用给定的持续时间、延迟以及缓和曲线配置的 tween 规范。先来看看 tween 的源码:

```kotlin
@Stable
fun <T> tween(
    durationMillis: Int = DefaultDurationMillis,
    delayMillis: Int = 0,
    easing: Easing = FastOutSlowInEasing
): TweenSpec<T> = TweenSpec(durationMillis, delayMillis, easing)
```

可以看到 tween 接收 3 个参数，分别是 durationMillis、delayMillis 和 easing。durationMillis 表示在指定时间内使用缓和曲线在起始值和结束值之间添加动画效果；delayMillis 表示推迟动画播放的开始时间；easing 用于在开始和结束之间进行插值的缓动曲线，其类型为 Easing。下面来看看 Easing 的源码：

```kotlin
@Stable
fun interface Easing {
    fun transform(fraction: Float): Float
}

// 以静止开始和结束的元素都使用此标准缓动。它们会快速加速并逐渐减速，以强调过渡的结果
val FastOutSlowInEasing: Easing = CubicBezierEasing(0.4f, 0.0f, 0.2f, 1.0f)

// 使用减速缓动为传入的元素设置动画，该缓动以峰值速度（元素运动的最快点）开始过渡，并在静止时结束
val LinearOutSlowInEasing: Easing = CubicBezierEasing(0.0f, 0.0f, 0.2f, 1.0f)

// 离开屏幕的元素使用加速缓动，从静止开始并以峰值速度结束
val FastOutLinearInEasing: Easing = CubicBezierEasing(0.4f, 0.0f, 1.0f, 1.0f)

// 它返回未修改的分数，经常用作默认值
val LinearEasing: Easing = Easing { fraction -> fraction }

// 三阶贝塞尔曲线
@Immutable
class CubicBezierEasing(
    private val a: Float,
    private val b: Float,
    private val c: Float,
    private val d: Float
) : Easing
```

可以看到 Easing 是一个接口，Compose 为我们提供了 5 种常用的方法，分别是 FastOutSlow-InEasing、LinearOutSlowInEasing、FastOutLinearInEasing、LinearEasing 和 CubicBezierEasing，它们的使用方法见代码注释，大家可根据实际需求选择使用。下面来看看 tween 的实际使用案例：

```kotlin
val value by animateFloatAsState(
    targetValue = 1f,
    animationSpec = tween(
        durationMillis = 300,
        delayMillis = 50,
        easing = LinearOutSlowInEasing
    )
)
```

3. 帧动画——keyframes

keyframes 会根据在动画时长内不同时间戳中指定的快照值添加动画效果。在任意给定时间，动画值都将插入到两个关键帧值之间。对于其中每个关键帧，都可以指定 Easing 来确定插值曲线。先来看看 keyframes 的方法定义：

```
@Stable
fun <T> keyframes(
    init: KeyframesSpec.KeyframesSpecConfig<T>.() -> Unit
): KeyframesSpec<T> {
    return KeyframesSpec(KeyframesSpec.KeyframesSpecConfig<T>().apply(init))
}
```

keyframes 只有一个参数 init，用于动画的初始化。下面来看看实际使用案例：

```
val value2 by animateFloatAsState(
    targetValue = 1f,
    animationSpec = keyframes {
        durationMillis = 375
        0.0f at 0 with LinearOutSlowInEasing // for 0-15 ms
        0.2f at 15 with FastOutLinearInEasing // for 15-75 ms
        0.4f at 75 // ms
        0.4f at 225 // ms
    }
)
```

我们可以选择在 0 毫秒和持续时间处指定值。如果不指定，它们将分别默认为动画的起始值和结束值。

4. 重复有限动画

repeatable 反复运行基于时长的动画（例如 tween 或 keyframes），直至达到指定迭代计数。先来看看 repeatable 的方法定义：

```
@Stable
fun <T> repeatable(
    iterations: Int,
    animation: DurationBasedAnimationSpec<T>,
    repeatMode: RepeatMode = RepeatMode.Restart
): RepeatableSpec<T> =
    RepeatableSpec(iterations, animation, repeatMode)
```

可以看到 repeatable 有 3 个参数：iterations、animation 和 repeatMode。iterations 表示动画需要重复的次数，animation 表示将要重复的动画，repeatMode 用来指定动画是从头开始（RepeatMode.Restart）还是从结尾开始（RepeatMode.Reverse）重复播放。下面来看实际使用案例：

```
val value3 by animateFloatAsState(
    targetValue = 1f,
    animationSpec = repeatable(
        iterations = 2,
```

```
        animation = tween(durationMillis = 300),
        repeatMode = RepeatMode.Reverse
    )
)
```

5. 重复无限动画

上面说过，repeatable 重复动画需要设置动画重复的次数，当需要定义无限次重复动画的时候，就需要使用 infiniteRepeatable。infiniteRepeatable 和 repeatable 类似，但前者会重复无限次的迭代。先来看看 infiniteRepeatable 方法的定义：

```
@Stable
fun <T> infiniteRepeatable(
    animation: DurationBasedAnimationSpec<T>,
    repeatMode: RepeatMode = RepeatMode.Restart
): InfiniteRepeatableSpec<T> =
    InfiniteRepeatableSpec(animation, repeatMode)
```

可以看到 infiniteRepeatable 比 repeatable 少一个 iterations 参数，剩下的参数一模一样，使用方法也一样。来看看使用案例：

```
val value4 by animateFloatAsState(
    targetValue = 1f,
    animationSpec = infiniteRepeatable(
        animation = tween(durationMillis = 300),
        repeatMode = RepeatMode.Reverse
    )
)
```

6. 提前结束动画

很多情况下我们需要提前结束动画，这时就要用到 snap 方法。snap 是特殊的 AnimationSpec，它会立即将值切换到结束值。先来看看 snap 方法的定义：

```
@Stable
fun <T> snap(delayMillis: Int = 0) = SnapSpec<T>(delayMillis)
```

可以看到 snap 方法只有一个参数 delayMillis，用来指定延迟动画播放的开始时间。下面来看看使用方法：

```
val value5 by animateFloatAsState(
    targetValue = 1f,
    animationSpec = snap(delayMillis = 50)
)
```

7.3.2 矢量动画——AnimationVector

前面说过，大多数 Compose 动画 API 支持将 Float、Color、Dp 以及其他基本数据类型作为开箱即用的动画值，但有时我们需要为其他数据类型（比如自定义类型）添加动画效果。在动画播放期间，任何动画值都表示为 AnimationVector。使用相应的 TwoWayConverter 即可将值转换为 AnimationVector，反之亦然，这样一来，核心动画系统就可以统一对其进行处理了。例如，Int 表示为包含单个浮点值的 AnimationVector1D。用于 Int 的 TwoWayConverter 如下所示：

```
val IntToVector: TwoWayConverter<Int, AnimationVector1D> =
    TwoWayConverter({ AnimationVector1D(it.toFloat()) }, { it.value.toInt() })
```

Color 实际上是 red、green、blue 和 alpha 这 4 个值的集合，因此 Color 可转换为包含 4 个浮点值的 AnimationVector4D。通过这种方式，动画中使用的每种数据类型都可以根据其维度转换为 AnimationVector1D、AnimationVector2D、AnimationVector3D 或 AnimationVector4D。这样可为对象的不同组件独立添加动画效果，每个组件都有自己的速度轨迹。

如需支持将新的数据类型作为动画值，我们可以创建自己的 TwoWayConverter 并将其提供给 API。下面来看看实际案例：

```
data class TestSize(val width: Dp, val height: Dp)

@Composable
fun TestAnimation(targetSize: TestSize) {
    val animSize: TestSize by animateValueAsState<TestSize, AnimationVector2D>(
        targetSize,
        TwoWayConverter(
            convertToVector = { size: TestSize ->
                AnimationVector2D(size.width.value, size.height.value)
            },
            convertFromVector = { vector: AnimationVector2D ->
                TestSize(vector.v1.dp, vector.v2.dp)
            }
        )
    )
}
```

首先定义了一个数据类 TestSize，它有两个参数：width 和 height。由于 TestSize 有两个参数，所以可以转换为包含两个浮点值的 AnimationVector2D，这样就为 TestSize 独立添加了动画效果。

7.4 手势

手势在智能手机中运用得非常广泛，如点按、拖动、滑动，等等。使用一些简单的手势就可以完成较为复杂的操作。Compose 为我们提供了多种手势 API，可以帮助我们检测交互生成的手势。下面来看看 Compose 中具体的手势。

7.4.1 点击事件

Compose 中简单的点击事件在介绍修饰符 Modifier 的时候学习过，这里简单回顾一下使用方法：

```
@Composable
fun GesturesTest() {
    val count = remember { mutableStateOf(0) }
    Text("${count.value}", modifier = Modifier.size(100.dp).background(Color.Blue).clickable {
        count.value += 2
    })
}
```

我们通过 remember 记住 State 的值，当点击 Text 的时候将 State 的值加 2，State 值发生改变导致可组合项重组以更新 Text 的值。下面还是通过 Preview 看看运行结果，如图 7-11 所示。

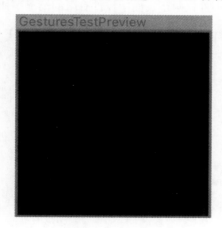

图 7-11　点击事件

当需要更大的灵活性的时候，在 Android View 中可以重写 onTouch 方法来更加具体地控制点击事件，而在 Compose 中我们可以通过修饰符的扩展函数 pointerInput 来使用点按手势检测器。先来看看 pointerInput 方法的定义：

```
fun Modifier.pointerInput(
    key1: Any?,
    block: suspend PointerInputScope.() -> Unit
)
```

可以看到 pointerInput 方法只有两个参数，第一个为 key1，第二个参数为 block，其类型为 PointerInputScope。PointerInputScope 也是一个接口，同第 5 章讲过的 LazyColumn 一样，这里也可以通过 DSL 的方法设置参数。下面来看看如何使用它：

```
Modifier.pointerInput(Unit) {
    detectTapGestures(
        onPress = {/* 手势开始时调用 */ },
        onDoubleTap = { /* 双击调用 */ },
        onLongPress = { /* 长按调用 */ },
        onTap = { /* 单击调用 */ }
    )
}
```

之前在 Android View 中想要实现双击事件比较麻烦，需要开发者自己来处理两次点击之间的时间间隔等问题，而 Compose 已经为我们封装好了一些常用的点击事件，包括单击、双击和长按事件，可以直接使用。

7.4.2 滚动事件

在第 5 章中，我们学习了列表控件 LazyColumn 和 LazyRow，如果有大量数据，还是要使用 LazyColumn 和 LazyRow，滚动事件仅限于页面中控件有限的情况下使用。

当页面一屏显示不完的时候，我们就可以使用 verticalScroll 和 horizontalScroll 修饰符，从而让用户在元素内容边界大于最大尺寸约束时滚动元素。下面来看看实际使用案例：

```kotlin
@Composable
fun GesturesTest() {
    Column(
        modifier = Modifier
            .fillMaxSize()
    ) {
        Box(
            modifier = Modifier
                .fillMaxWidth()
                .height(300.dp)
                .background(Color.Blue)
        )
        Spacer(modifier = Modifier.height(50.dp))
        Box(
            modifier = Modifier
                .fillMaxWidth()
                .height(300.dp)
                .background(Color.Red)
        )
        Spacer(modifier = Modifier.height(50.dp))
        Box(
            modifier = Modifier
                .fillMaxWidth()
                .height(300.dp)
                .background(Color.Yellow)
        )
        Spacer(modifier = Modifier.height(50.dp))
        Box(
            modifier = Modifier
                .fillMaxWidth()
                .height(300.dp)
                .background(Color.Green)
        )
    }
}
```

上面的代码中创建了一个 Column，在 Column 中放了 4 个 Box，高度都设置为 300dp。下面来看看运行结果，如图 7-12 所示。

图 7-12　Column 布局（另见彩插）

如果想要显示下面的内容，就需要使用上面所说的 verticalScroll 修饰符了。下面为 Column 添加 verticalScroll 修饰符：

```
Column(
    modifier = Modifier
        .fillMaxSize()
        .verticalScroll(rememberScrollState())
)
```

在使用 verticalScroll 修饰符的时候，我们传入了 ScrollState 参数。借助 ScrollState，我们可以更改滚动位置或获取当前状态。如需使用默认参数创建 ScrollState，就可以使用 rememberScrollState。添加 verticalScroll 修饰符之后，在页面显示不全的情况下就可以继续滑动来显示下面的内容了。来看看运行结果，如图 7-13 所示。

图 7-13 滑动事件（另见彩插）

同 Column 一样，横向线性布局 Row 在一行显示不完的情况下就可以使用 horizontalScroll 修饰符。

7.4.3 嵌套滚动

嵌套滚动很常见，典型的嵌套滚动就是在一个列表中嵌套另一个列表。Compose 中的嵌套滚动比较简单，无须我们执行任何操作，启动滚动操作的手势会自动从子控件传递到父控件，这样一来，当子控件滚动到底部的时候，手势就会由其父控件进行处理。下面来看看在 Compose 中如何使用嵌套滚动：

```
@Composable
fun ScrollTest() {
    val gradient = Brush.verticalGradient(
        0f to Color.Gray,
        1000f to Color.White
    )
    Box(
        modifier = Modifier
            .background(Color.LightGray)
            .verticalScroll(rememberScrollState())
            .padding(16.dp)
```

```
    ) {
        Column(modifier = Modifier.fillMaxWidth()) {
            repeat(8) {
                Box(
                    modifier = Modifier
                        .background(brush = gradient)
                        .height(128.dp)
                        .fillMaxWidth()
                        .verticalScroll(rememberScrollState())
                ) {
                    Text(
                        "Scroll here", modifier =
                        Modifier.padding(24.dp).height(200.dp)
                    )
                }
            }
        }
    }
}
```

上面的代码创建了一个 Box 并使用了 verticalScroll 修饰符，子控件为 Column。Column 中有两个子控件：第一个子控件为 Box，高设置为 128dp，也使用了 verticalScroll 修饰符；第二个子控件为 Text，高设置为 200dp，Box 的高度不足以放下 Text。下面运行看看效果，如图 7-14 所示。

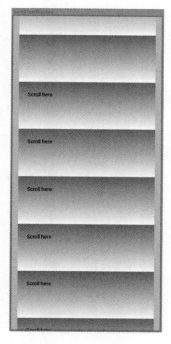

图 7-14　滑动事件

可以看到，由于 Box 放不下 Text，所以滑动的时候 Text 先滑动到底部，然后外面的 Box 再继续根据手势执行滑动事件。

7.4.4 拖动事件

同样，在 Compose 中拖动事件也有修饰符：draggable。draggable 修饰符是向单一方向拖动手势的高级入口点，并且会报告拖动距离（以像素为单位）。需要注意的是，此修饰符仅检测手势，我们需要自己保存状态并在屏幕上表示，可以通过 offset 修饰符移动元素。来看看使用案例：

```
@Composable
fun ScrollTest2() {
    Box(modifier = Modifier.fillMaxSize()) {
        val offsetY = remember { mutableStateOf(0f) }
        Text(
            modifier = Modifier
                .offset { IntOffset(0, offsetY.value.roundToInt()) }
                .draggable(
                    orientation = Orientation.Vertical,
                    state = rememberDraggableState { delta ->
                        offsetY.value += delta
                    }
                ),
            text = "拖动",
            fontSize = 30.sp,
            fontWeight = FontWeight.Bold
        )
    }
}
```

上面的代码首先创建了一个 remember 来保存当前拖动的 Y 坐标点，然后创建了一个 Text，使用 draggable 来为 Text 创建拖动事件，拖动方向设置为 Orientation.Vertical（竖向拖动），拖动的时候同时修改存储 Y 坐标点的 State，最后可组合项进行重组，Text 通过 offset 设置拖动后的坐标。来看看运行结果，如图 7-15 所示。

图 7-15 拖动事件

同样，如果想要横向滑动，修改 orientation 为 Orientation.Horizontal，然后控制好控件的坐标点即可。但如果想要控制整个拖动手势，就需要通过 poniterInput 修饰符来进行控制，这同点击事件一样，只是使用方法不同，这里使用的是 detectDragGestures。先来看看 detectDragGestures 方法的定义：

```
suspend fun PointerInputScope.detectDragGestures(
    onDragStart: (Offset) -> Unit = { },
    onDragEnd: () -> Unit = { },
    onDragCancel: () -> Unit = { },
    onDrag: (change: PointerInputChange, dragAmount: Offset) -> Unit
)
```

可以看到 detectDragGestures 也是 PointerInputScope 的扩展方法，有 4 个参数：onDragStart、onDragEnd、onDragCancel 和 onDrag。onDragStart 为开始拖动的回调，onDragEnd 为拖动结束的回调，onDragCancel 为拖动取消的回调，onDrag 为拖动过程中的回调，不过 4 个都是可选参数。下面来看看 detectDragGestures 的使用方法：

```
@Composable
fun ScrollTest3() {
    Box(modifier = Modifier.fillMaxSize()) {
        val offsetX = remember { mutableStateOf(0f) }
        val offsetY = remember { mutableStateOf(0f) }

        Box(
            Modifier
                .offset { IntOffset(offsetX.value.roundToInt(), offsetY.value.roundToInt()) }
                .background(Color.Blue)
                .size(50.dp)
                .pointerInput(Unit) {
                    detectDragGestures { change, dragAmount ->
                        change.consumeAllChanges()
                        offsetX.value += dragAmount.x
                        offsetY.value += dragAmount.y
                    }
                }
        )
    }
}
```

上面的代码还是先定义了 remember 用来记住坐标点的横纵坐标，使用 detectDragGestures 时只设置了最后一个参数 onDrag，所以可以通过尾调函数的方法来进行调用，拖动过程中修改 State 中的横纵坐标值，触发可组合项重组之后通过 offset 将 Box 放在拖动后的位置。下面来看看运行结果，如图 7-16 所示。

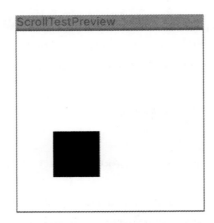

图 7-16 精确拖动事件

此时就可以不受横纵坐标的限制在页面任何地方进行拖动了。在实际应用中，也可以监听开始拖动、结束拖动和取消拖动的事件来进行一些特殊处理。

7.4.5 滑动事件

在 Compose 中滑动事件使用修饰符 swipeable 来实现，通过该修饰符我们可以拖动控件，松手之后控件通常朝一个方向定义的两个或多个锚点呈现动画效果。这里需要注意的是，swipeable 同样不会移动控件的位置，因此我们也需要保存坐标点来移动控件。下面先来看看 swipeable 方法的定义：

```
@ExperimentalMaterialApi
@OptIn(ExperimentalCoroutinesApi::class)
fun <T> Modifier.swipeable(
    state: SwipeableState<T>,
    anchors: Map<Float, T>,
    orientation: Orientation,
    enabled: Boolean = true,
    reverseDirection: Boolean = false,
    interactionSource: MutableInteractionSource? = null,
    thresholds: (from: T, to: T) -> ThresholdConfig = { _, _ -> FixedThreshold(56.dp) },
    resistance: ResistanceConfig? = resistanceConfig(anchors.keys),
    velocityThreshold: Dp = VelocityThreshold
)
```

可以看到 swipeable 也是 Modifier 的扩展方法，参数比较多，一共有 9 个，其中有 3 个参数必须填写：第一个必须填写的参数为 state，state 为手滑式状态，默认可以通过 rememberSwipeableState 创建和记住，此状态还提供了一组有用的方法，用于为锚点添加动画效果，同时为属性添加动画效果，以观察拖动进度；第二个必须填写的参数为 anchors，用于将锚点映射到状态；第三个必须填写的参数为 orientation，用于定义滑动事件的方向。这里可以将滑动手势配置为具有不同的阈值类型，可以配置滑动越过边界时的 resistance，还可以配置 velocityThreshold。即使尚未达到位置 thresholds，velocityThreshold 仍将以动画方式向下一个状态滑动。下面来看看实际使用案例：

```
@ExperimentalMaterialApi
@Composable
fun SwipeableSample() {
    val squareSize = 48.dp

    val swipeableState = rememberSwipeableState(0)
    val sizePx = with(LocalDensity.current) { squareSize.toPx() }
    val anchors = mapOf(0f to 0, sizePx to 1)

    Box(
        modifier = Modifier
            .width(96.dp)
            .swipeable(
                state = swipeableState,
                anchors = anchors,
                thresholds = { from, to -> FractionalThreshold(0.3f) },
                orientation = Orientation.Horizontal
            )
            .background(Color.Red)
    ) {
        Box(
            Modifier
                .offset { IntOffset(swipeableState.offset.value.roundToInt(), 0) }
                .size(squareSize)
                .background(Color.DarkGray)
        )
    }
}
```

上面的代码首先定义了子 Box 的 size，创建了 swipeableState，将子 Box 的 size 转换为像素值，然后定义了一个 Map 用来存储锚点，之后创建了一个 Box，通过修饰符将 swipeable 设置进去，最后为子 Box 设置之前定义好的 size。下面来看看运行结果，如图 7-17 所示。

图 7-17　滑动事件

此时松开滑动控件的子 Box 块会有相应的动画，滑动到锚点之后会继续滑动到最后，反之则会回到最初的位置。

7.5 小结

本章中我们学习了 Compose 中动画的点点滴滴，有比较简单的动画，也有比较复杂的动画，还学习了 Compose 中的手势操作。

动画可以让应用程序更加美观且能提升用户体验。把本章的内容学透，开发过程就会顺风顺水。

整理好背包，我们继续出发吧！

第 8 章
和其他 Jetpack 库搭配使用

2018 年，Google 在 I/O 大会上发布了一系列辅助 Android 开发者的实用工具，合称为 Jetpack，以帮助开发者构建出色的 Android 应用程序。Jetpack 中的很多库非常好用，比如 ViewModel、Navigation、Hilt、Paging 等。之前说过，Compose 也是 Jetpack 中的一员，理所当然地可以使用 Jetpack 中的其他库，Jetpack 中的其他库也都对 Compose 做了相应适配。

本章主要内容有：

- 使用 ViewModel；
- 使用数据流；
- 使用 Navigation；
- 使用 Hilt 和 Paging。

下面我们一起来学习 Compose 和其他 Jetpack 库的搭配使用。

8.1 使用 ViewModel

ViewModel 是 Jetpack 中比较重要的一个库，也是实现 MVVM 架构的重要一环，可以有效减少 Activity 或 Fragment 和数据之间的耦合。本节我们将学习如何在 Compose 中使用 ViewModel。

8.1.1 ViewModel 的简单使用

ViewModel 以生命周期的方式存储及管理 UI 相关数据。众所周知，Activity 在配置改变的时候会重走生命周期，当然，Activity 中的数据也会随着 Activity 的重新创建而重新创建。

下面来看一个经典的例子：屏幕上只有一个 TextView 和一个 Button，点击 Button 的时候修改 TextView 中的值，修改之后旋转屏幕再次查看 TextView 中的值是否改变。具体代码如下：

```
<?xml version="1.0" encoding="utf-8"?>
<LinearLayout xmlns:android="http://schemas.android.com/apk/res/android"
```

```xml
    xmlns:app="http://schemas.android.com/apk/res-auto"
    xmlns:tools="http://schemas.android.com/tools"
    android:layout_width="match_parent"
    android:layout_height="match_parent"
    android:orientation="vertical"
    tools:context=".OneActivity">

    <TextView
        android:id="@+id/oneTvCount"
        android:layout_width="wrap_content"
        android:layout_height="wrap_content"
        android:layout_gravity="center"
        android:layout_margin="20dp"
        android:textSize="30sp" />

    <Button
        android:id="@+id/oneBtnAdd"
        android:layout_width="wrap_content"
        android:layout_height="wrap_content"
        android:layout_gravity="center"
        android:text="Add Count"/>

</LinearLayout>
```

上面的代码创建了一个布局，竖向线性布局中有两个控件：一个 TextView，用来展示内容；一个 Button，用来修改内容。下面来看看 Activity 中的内容：

```kotlin
class OneActivity : AppCompatActivity() {

    private lateinit var binding: ActivityOneBinding
    private var count = 0

    override fun onCreate(savedInstanceState: Bundle?) {
        super.onCreate(savedInstanceState)
        binding = ActivityOneBinding.inflate(layoutInflater)
        setContentView(binding.root)
        initView()
    }

    private fun initView() {
    private fun initView() {
        binding.oneTvCount.text = count.toString()
        binding.oneBtnAdd.setOnClickListener {
            count += 2
            binding.oneTvCount.text = count.toString()
        }
    }
}
```

OneActivity 中定义了两个全局变量：第一个是 ViewBinding，由于 kotlin-android-extensions 插件已经废弃，因此现在推荐使用 ViewBinding 来替代；第二个是 TextView 显示的值。之后在 Button 的点击事件中让 count 值每次加 2。下面来看看运行结果，如图 8-1 所示。

图 8-1 竖屏 Activity

点击了 3 次之后 TextView 修改为了 6，但此时如果旋转屏幕，由于重新走了 Activity 的生命周期，所以 TextView 的值又变为了 0，如图 8-2 所示。

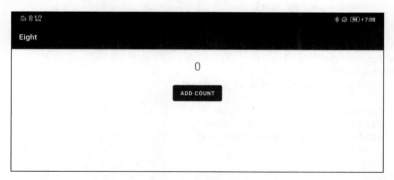

图 8-2 横屏 Activity

这种结果并不是我们想要的，我们希望系统配置修改的时候不影响 Activity 中的数据。当然，在 Activity 中重写 onSaveInstanceState 方法并在方法内保存 count 值也可以实现，但终归有一些麻烦。我们可以直接使用 ViewModel 来实现，而且这样写的话还是命令式的写法。在 Button 的点击事件中必须为 TextView 重新赋值，并不能在数据发生改变的时候直接进行修改，而 LiveData

解决了这个问题。来看看应该怎样构建 ViewModel：

```kotlin
class OneViewModel : ViewModel() {

    private val _count = MutableLiveData(0)

    val count: LiveData<Int>
        get() = _count

    fun onCountChanged(count: Int) {
        _count.postValue(count)
    }
}
```

我们定义了 OneViewModel，它继承自 ViewModel。如果在 ViewModel 中需要使用 Context，可以继承自 AndroidViewModel，而不能直接将 Activity 或 Fragment 中的 Context 传入，因为 ViewModel 的生命周期要比 Activity 和 Fragment 长，会造成内存泄漏。可以看到，我们在 OneViewModel 中将 count 值修改为了 LiveData，这样就可以观察 count 值的改变了。下面再来看看 Activity 中的代码需要做什么修改：

```kotlin
class OneActivity : AppCompatActivity() {

    private lateinit var binding: ActivityOneBinding
    private val viewModel by viewModels<OneViewModel>()

    override fun onCreate(savedInstanceState: Bundle?) {
        super.onCreate(savedInstanceState)
        binding = ActivityOneBinding.inflate(layoutInflater)
        setContentView(binding.root)
        initView()
    }

    private fun initView() {
        viewModel.count.observe(this) {
            binding.oneTvCount.text = it.toString()
        }
        binding.oneBtnAdd.setOnClickListener {
            val count = viewModel.count.value ?: 0
            viewModel.onCountChanged(count + 2)
        }
    }
}
```

我们将 viewModel 定义为一个全局变量，当按钮被点击的时候通过 ViewModel 中定义的 onCountChanged 方法来修改 count 的值，然后通过观察 ViewModel 中的 count 值来给 TextView 设置需要显示的值，这样就不需要在修改 count 值的时候再主动修改 TextView 显示的值了。和刚才的测试方法一样，再次运行代码，发现旋转屏幕之后值并没有改变。刚才说过，这是因为 ViewModel 的生命周期要比 Activity 的生命周期更长。图 8-3 展示了 ViewModel 的生命周期。

8.1 使用 ViewModel

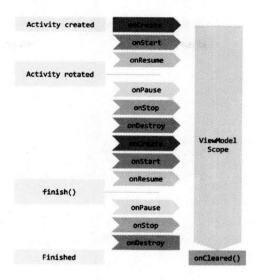

图 8-3　ViewModel 的生命周期

8.1.2　在 Compose 中使用 ViewModel

上一节粗略介绍了 ViewModel 的简单使用，第 2 章简单介绍了 ViewModel 在 Compose 中的使用，本节将结合实际案例介绍在 Compose 中如何使用 ViewModel。下面来看看在 Compose 中如何使用刚才讲的 OneViewModel。

首先需要添加 ViewModel 和 LiveData 为 Compose 适配的依赖库：

```
implementation "androidx.compose.runtime:runtime-livedata:1.0.0-beta03"
implementation "androidx.lifecycle:lifecycle-viewmodel-compose:1.0.0-alpha03"
```

然后按照上面 Android View 中的布局用 Compose 写一遍：

```
@Composable
fun One() {
    Column(
        modifier = Modifier.fillMaxSize(),
        verticalArrangement = Arrangement.Center,
        horizontalAlignment = Alignment.CenterHorizontally,
    ) {
        Text("0", modifier = Modifier.padding(10.dp))
        Button(onClick = {
            // 点击事件
        }) {
            Text("Add Count")
        }
    }
}
```

在 Android View 中写了那么多代码，使用 Compose 只用几行就搞定了。下面在 Compose 中应用 ViewModel 和 LiveData：

```
@Composable
fun One() {
    val viewModel: OneViewModel = viewModel()
    val count by viewModel.count.observeAsState(0)
    Column(
        modifier = Modifier.fillMaxSize(),
        verticalArrangement = Arrangement.Center,
        horizontalAlignment = Alignment.CenterHorizontally,
    ) {
        Text(count.toString(), modifier = Modifier.padding(10.dp))
        Button(onClick = {
            viewModel.onCountChanged(count + 2)
        }) {
            Text("Add Count")
        }
    }
}
```

使用 Compose 为我们定义好的可组合项 viewModel 就可以构建好 ViewModel，然后通过 LiveData 的扩展方法 observeAsState 将 LiveData 转为 Compose 中可以观察的 State 数据。点击 Button 的时候会通过 ViewModel 的 onCountChanged 方法修改 count 值，而 Text 中直接使用 State 数据 count 即可，count 值发生改变的时候可组合项会重组来显示最新数据。下面运行看看效果，如图 8-4 所示。

图 8-4　Compose 使用 ViewModel 竖屏

同样，运行之后点击几次 Button，我们发现 Text 中的值正常修改。然后转为横屏再看看效果，如图 8-5 所示。

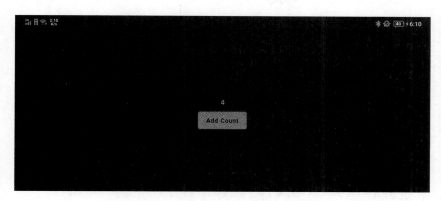

图 8-5　Compose 使用 ViewModel 横屏

对比图 8-4 和图 8-5，我们发现当竖屏转为横屏之后数据也没有改变，符合预期。

8.1.3　Compose 中 ViewModel 的进阶使用

上面介绍的例子有一些问题，当把应用程序杀掉再重启的时候，之前保存的数值会清零。如果不想清零，就需要将数值保存下来，然后在初始化 ViewModel 的时候将保存下来的数值传入。这时就需要使用 ViewModelProvider.Factory 了。来看看如何使用它：

```
class OneViewModel(defaultCount: Int) : ViewModel() {

    private val _count = MutableLiveData(defaultCount)
    ......
}

class OneViewModelFactory(private val defaultCount: Int) : ViewModelProvider.Factory {

    override fun <T : ViewModel?> create(modelClass: Class<T>): T {
        return OneViewModel(defaultCount) as T
    }

}
```

上面的代码中我们新建了一个 OneViewModelFactory 类，让它实现 ViewModelProvider.Factory 接口，构造函数中接收保存下来的 count 值，然后在初始化 OneViewModel 的时候通过构造方法传入，OneViewModel 中将传入的 count 值设置为默认值。

ViewModelProvider.Factory 已经构建完成，那么在 Compose 中该如何使用呢？下面来看看

Compose 中 `viewModel` 可组合项的源码：

```
@Suppress("MissingJvmstatic")
@Composable
public inline fun <reified T : ViewModel> viewModel(
    key: String? = null,
    factory: ViewModelProvider.Factory? = null
): T = viewModel(T::class.java, key, factory)
```

可以看到 `viewModel` 内联方法有两个参数：第一个参数为 `key` 值；第二个参数为 `factory`，其类型为 `ViewModelProvider.Factory`。所以这里我们可以直接将 `ViewModelProvider.Factory` 当作参数传入。下面来看看具体的实现代码：

```
@Composable
fun One() {
    val context = LocalContext.current
    val sp = context.getSharedPreferences("count_file", Context.MODE_PRIVATE)
    val defaultCount = sp.getInt("DEFAULT_COUNT", 0)
    val viewModel: OneViewModel = viewModel(factory = OneViewModelFactory(defaultCount))
    val count by viewModel.count.observeAsState(defaultCount)
    Column(
        modifier = Modifier.fillMaxSize(),
        verticalArrangement = Arrangement.Center,
        horizontalAlignment = Alignment.CenterHorizontally,
    ) {
        Text(count.toString(), modifier = Modifier.padding(10.dp))
        Button(onClick = {
            val counts = count + 2
            viewModel.onCountChanged(counts)
            sp.edit {
                putInt("DEFAULT_COUNT", counts)
            }
        }) {
            Text("Add Count")
        }
        Button(onClick = {
            sp.edit().clear().apply()
            viewModel.onCountChanged(0)
        }, modifier = Modifier.padding(10.dp)) {
            Text("Clear Count")
        }
    }
}
```

上面的代码中首先通过 `LocalContext.current` 获取 `Context`，然后通过 `Context` 获取 `Shared-Preferences`，`viewModel` 在构建的时候直接将 `OneViewModelFactory` 传入，在 `Button` 点击事件中保存了 `count` 值。可以看到增加了一个清除按钮，用来将 SP 中保存的 `count` 值清零。下面运行代码看看效果，如图 8-6 所示。

图 8-6　Compose 使用 SP 保存值

然后从后台杀掉应用程序再重启，效果如图 8-7 所示。

图 8-7　杀掉应用程序后再重启

从图 8-7 中可以看到，杀掉应用程序再重启之后，count 值还是杀掉应用程序之前的值。如果想将 count 值清零，点击 "Clear Count" 按钮即可，点击之后如图 8-8 所示。

图 8-8　count 值清零

8.2　使用数据流

如前所述，在 Compose 中 State 为可观察的对象，LiveData 需要通过扩展方法转为 State 方可使用，本节将带大家看看在 Compose 如何使用各种数据流。

8.2.1　Flow 的使用

在 Kotlin 协程中使用挂起函数时可以异步地返回单个计算结果，但如果希望通过协程的方式异步返回多个计算结果，可以使用 Flow 实现。在 Room（Jetpack 中的数据库依赖）中也可以直接返回 Flow 来进行操作，而且 Flow 可以切换线程。下面看一个使用 Flow 的例子：

```
fun flowTest(): Flow<Int> = flow {
    for (i in 1..10) {
        delay(1000)
        emit(i)
    }
}
```

上面的代码中通过 flow 方法构建出一个 Flow，然后定义了一个 for 循环，每隔 1 秒发送一条数据。再来看看在 Compose 中如何将 Flow 转为 State 从而进行使用：

```
@Composable
fun FlowTest() {
    val flowCount = flowTest().collectAsState(0)
    Text(
        flowCount.value.toString(),
        modifier = Modifier.width(100.dp),
        fontSize = 30.sp,
        textAlign = TextAlign.Center
    )
}
```

上面的代码中使用 collectAsState 将 Flow 转为 State，collectAsState 方法需要传入默认值，接着将转换之后的 State 设置到 Text 中，当 State 值发生改变时可组合项进行重组，然后刷新显示最新的值。下面运行看看效果，如图 8-9 所示。

图 8-9　使用 Flow

Flow 每秒都会发出新的值，State 监听到值更新之后会触发可组合项重组，Text 中的值会随之变化。

8.2.2　RxJava 的使用

很多项目中用到了 RxJava，它能大大降低代码的逻辑复杂度。在 Compose 中也可以使用 RxJava。

首先需要添加 RxJava 为 Compose 适配的依赖：

```
implementation "androidx.compose.runtime:runtime-rxjava2:1.0.0-beta03"
implementation "androidx.compose.runtime:runtime-rxjava3:1.0.0-beta03"
```

由于 RxJava2 和 RxJava3 有一定的区别，所以分为了两个库，大家可以根据自己使用的版本选择添加依赖。

使用过 RxJava 的读者都知道 RxJava 有多种数据类型，比如 Completable、Flowable<T>、Maybe<T>、Observable<T>和 Single<T>，那么这么多种数据类型如何转换为 State 类型呢？其实方法都是 subscribeAsState(initial)，initial 为默认值，实现原理很简单，还是通过扩展函数实现的。下面来看看源码：

```kotlin
// 订阅此 Observable 并通过 State 表示其值
@Composable
fun <R, T : R> Observable<T>.subscribeAsState(initial: R): State<R> =
    asState(initial) { subscribe(it) }

// 订阅此 Flowable 并通过 State 表示其值
@Composable
fun <R, T : R> Flowable<T>.subscribeAsState(initial: R): State<R> =
    asState(initial) { subscribe(it) }

// 订阅此 Single 并通过 State 表示其值
@Composable
fun <R, T : R> Single<T>.subscribeAsState(initial: R): State<R> =
    asState(initial) { subscribe(it) }

// 订阅此 Maybe 并通过 State 表示其值
@Composable
fun <R, T : R> Maybe<T>.subscribeAsState(initial: R): State<R> =
    asState(initial) { subscribe(it) }

// 订阅此 Composable 并通过 State 表示其值
@Composable
fun Completable.subscribeAsState(): State<Boolean> =
    asState(false) { callback -> subscribe { callback(true) } }
```

从上面的源码可以看到，RxJava 中的每种类型都有对应的扩展方法供我们使用。大家在项目中使用 RxJava 的时候，可以直接调用 subscribeAsState 方法，将 RxJava 中的类型转为 Compose 中可以观察的 State 类型，再进行使用。

8.3 使用 Navigation 实现页面跳转

Navigation 也是 Jetpack 中的库，直译过来是导航的意思，它的作用也确实是导航，它可以处理多个 Fragment 之间的跳转、传值等操作。Navigation 专门为 Compose 做了适配，让我们在 Compose 中也可以完美地进行页面之间的跳转。

8.3.1 简单使用

我们之前使用的 Navigation 的依赖并未支持 Compose，因此需要引入对 Compose 做了适配的 Navigation 依赖。

```
implementation "androidx.navigation:navigation-compose:1.0.0-alpha10"
```

引入 Navigation 的依赖后该如何在 Compose 中使用 Navigation 呢？首先需要创建 NavController，NavController 是 Navigation 组件中的核心 API，可以通过 rememberNavController 方法创建。

```kotlin
val navController = rememberNavController()
```

创建完 `NavController` 之后需要创建 `NavHost`，`NavHost` 用来在 Compose 层次结构中提供适当的位置，以进行自包含的导航。当我们在可组合项之间使用 Navigation 时，`NavHost` 的内容会自动重组。下面来看看 `NavHost` 的方法定义：

```
@Composable
public fun NavHost(
    navController: NavHostController,
    startDestination: String,
    modifier: Modifier = Modifier,
    route: String? = null,
    builder: NavGraphBuilder.() -> Unit
)
```

从上面的代码中可以看到 `NavHost` 一共有 5 个参数，其中有 3 个参数必须填写，分别是 `navController`、`startDestination` 和 `builder`。`navController` 参数的类型为 `NavHostController`，前面我们已经创建过，只需要传入即可；`startDestination` 参数的类型为 `String`，表示初始状态下默认显示页面的导航路径；`modifier` 为修饰符；`route` 为定义的路径；`builder` 的类型为 `NavGraphBuilder`，之前很多地方用到了这种方法，旨在使用 DSL 的方式简化构建方法，并且提高代码的可读性，这里同样如此。下面来看看如何使用 `NavHost`：

```
@Composable
fun NavigationTest(
    startDestination: String = "one_page"
) {
    val navController = rememberNavController()

    NavHost(
        navController = navController,
        startDestination = startDestination
    ) {
        composable("one_page") {
            OnePage(navController)
        }
        composable("two_page") {
            TwoPage(navController)
        }
    }
}
```

上面代码中的 `composable` 是 `NavGraphBuilder` 的扩展方法，用来将 `composable` 添加到 `NavGraphBuilder` 中。然后我们在 `NavHost` 中定义两个 `composable`，创建 `OnePage` 和 `TwoPage` 两个页面，并传入 `NavHostController`，为两个页面之间的跳转做准备。来看看 `OnePage` 和 `TwoPage` 的创建：

```
@Composable
fun OnePage(navController: NavHostController) {
    BasePage("One") {
        navController.navigate("two_page")
    }
```

```
}

@Composable
fun TwoPage(navController: NavHostController) {
    BasePage("Two") {
        navController.navigate("one_page")
    }
}

@Composable
fun BasePage(content: String, onClick: () -> Unit) {
    Column(
        modifier = Modifier.fillMaxSize(),
        verticalArrangement = Arrangement.Center,
        horizontalAlignment = Alignment.CenterHorizontally,
    ) {
        Text(content, fontSize = 35.sp, modifier = Modifier.clickable { onClick() })
    }
}
```

上面的代码中 OnePage 和 TwoPage 都使用了 BasePage。BasePage 接收两个参数：第一个参数为 content，为 Text 中需要显示的内容；第二个参数为 onClick，为 Text 点击事件的回调。然后我们创建了一个 Column 占满全屏，并将子控件放在中间，之后在 Column 中创建了一个 Text，并将点击事件设置进去。OnePage 和 TwoPage 在使用 BasePage 的时候，点击事件都使用 NavHostController.navigate 方法进行页面跳转。运行代码看看效果，如图 8-10 所示。

图 8-10 使用 Navigation

由于 NavHost 中 startDestination 默认设置的是 ONE_PAGE，所以运行之后默认显示的是 One。下面点击 Text 再看看效果，如图 8-11 所示。

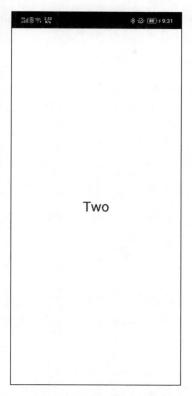

图 8-11　使用 Navigation 进行跳转

可以看到点击之后已经可以正常跳转，无须像之前在 Android View 中那样使用 Intent 进行跳转。如果现在我们想退回到栈中的上一个页面，需要怎么做呢？也是通过 NacController 来进行设置，方法如下：

```
navController.navigateUp()
```

没错，只需要调用 navController 中的 navigateUp 方法就可以返回到栈中的上一个页面，如果没有上一个页面则退出。

8.3.2　传递单个参数

上一节简单介绍了 Navigation 的使用，现在我们已经可以在页面之间进行简单的跳转了，但是有一点需要考虑，即两个页面之间的交互在很多情况下需要传输数据，之前在 Android View

中可以使用 Intent.putExtra 方法来传递参数,那么在 Compose 中使用 Navigation 该如何传递参数呢?

在 Android View 中使用 Navigation 可以直接传递 Bundle,但是在 Compose 中只能向路线中添加参数占位符,就像之前在 Android View 中使用 Navigation 时向深层链接中添加参数一样。下面来看看具体怎么操作。

我们来设置 OnePage 向 TwoPage 跳转的时候传递一个参数,到 TwoPage 之后点击事件修改为弹出一个吐司来展示传入的参数。先来看看 NavHost 应该怎样修改:

```
NavHost(
    navController = navController,
    startDestination = startDestination
) {
    composable("one_page") {
        OnePage(navController)
    }
    composable("two_page/{name}") {
        TwoPage(it.arguments?.getString("name", "") ?: "")
    }
}
```

可以看到我们修改了 TwoPage 的路线。前面提到参数传递会在路线中添加占位符。然后通过 composable 函数的 lambda 中提供的 NavBackStackEntry 来提取参数,arguments 的类型为 Bundle,所以可以根据传入的参数类型提取数据。

接收参数的地方已经写好了,下面来看看如何传递参数:

```
@Composable
fun OnePage(navController: NavHostController) {
    BasePage("One") {
        navController.navigate("two_page/Zhujiang")
    }
}
```

从上面的代码中可以看到,传递参数时直接加上斜线然后添加参数即可。这里要注意,千万不要写为占位符。我们来捋一下,在进行导航的时候需要将参数传入,然后在 composable 中提取参数,再通过可组合项 TwoPage 的参数传入,这样就可以使用了。下面运行看看效果,如图 8-12 所示。

8.3 使用 Navigation 实现页面跳转 223

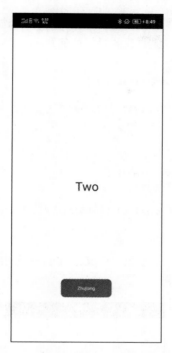

图 8-12 使用 Navigation 带参数进行跳转

可以看到，传递单个参数时只需要加上斜线，接收的时候添加斜线和占位符，然后根据参数类型获取即可。

8.3.3 传递多个参数

上面我们成功传递了单个参数，如果需要传递多个参数呢？很简单，继续添加斜线，然后添加占位符即可。先来看看 NavHost 的写法：

```
NavHost(
    navController = navController,
    startDestination = startDestination
) {
    composable("one_page") {
        OnePage(navController)
    }
    composable("two_page/{name}/{age}") {
        TwoPage(
            it.arguments?.getString("name", "") ?: "",
            it.arguments?.getString("age", "") ?: ""
        )
    }
}
```

可以看到，在第一个参数之后又添加了一条斜线，然后添加了占位符，解析的时候和之前一样解析为 String。下面再来看看传递参数的时候如何写：

```
@Composable
fun OnePage(navController: NavHostController) {
    BasePage("One") {
        navController.navigate("two_page/Zhujiang/24")
    }
}

@Composable
fun TwoPage(content: String, age: String) {
    val context = LocalContext.current
    BasePage("Two") {
        Toast.makeText(context, "${content}今年${age}岁", Toast.LENGTH_LONG).show()
    }
}
```

传递多个参数也很简单，第一个参数之后又添加了一条斜线，然后添加了需要传递的参数。下面运行看看效果，如图 8-13 所示。

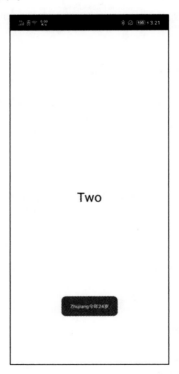

图 8-13　使用 Navigation 带多个参数进行跳转

从图 8-13 中可以看到多个参数也可以成功传递。

8.3.4 解析参数类型

现在有一个问题，age 明明应该是 Int 类型的，但我们接收的是 String 类型。下面修改一下：

```
composable(
    "two_page/{name}/{age}")
) {
    TwoPage(
        it.arguments?.getString("name", "") ?: "",
        it.arguments?.getInt("age") ?: 20
    )
}
```

可以看到，我们将 age 的接收方法改为了 getInt。然后修改 TwoPage 可组合项的参数类型：

```
@Composable
fun TwoPage(content: String, age: Int) {
    val context = LocalContext.current
    BasePage("Two") {
        Toast.makeText(context, "${content}今年${age}岁", Toast.LENGTH_LONG).show()
    }
}
```

改好之后再来运行看看效果，如图 8-14 所示。

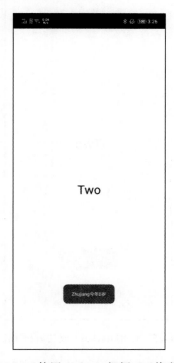

图 8-14　使用 NavHost 解析 Int 值失败

从图 8-14 中可以看到，我们使用 getInt 方法解析 age 失败了，这是为什么呢？原因是默认情况下，所有参数都会解析为字符串，所以我们需要使用 composable 中的 arguments 参数来设置参数类型。来看看如何设置：

```
composable(
    "two_page/{name}/{age}",
    arguments = listOf(
        navArgument("name") { type = NavType.StringType },
        navArgument("age") { type = NavType.IntType })
) {
    TwoPage(
        it.arguments?.getString("name", "") ?: "",
        it.arguments?.getInt("age") ?: 20
    )
}
```

可以看到我们通过 arguments 将 name 设置为 String 类型，将 age 设置为 Int 类型。修改完成之后再来运行看看效果，如图 8-15 所示。

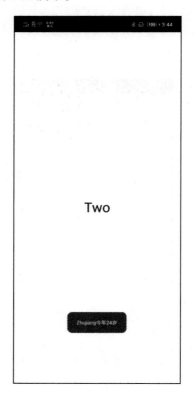

图 8-15　使用 NavHost 成功解析 Int 值

从图 8-15 中可以看到，设置完参数类型之后就可以解析成功了。这里需要注意：如果你传递的参数为字符串，不需要设置参数类型，因为默认就是字符串；如果不是字符串，就必须设置参数类型，否则不能正确读取参数的值。

8.3.5 添加可选参数

前面我们尝试使用 Navigation 传递单个或多个参数，也可以获取不同类型的参数信息，但有时我们需要使用可选参数，而 Navigation 中也支持可选参数。先来看看 NavHost 中如何使用可选参数：

```
composable(
    "two_page/{name}/{age}?hobby={hobby}",
    arguments = listOf(
        navArgument("name") { type = NavType.StringType },
        navArgument("age") { type = NavType.IntType },
        navArgument("hobby") {
            type = NavType.StringType
            defaultValue = "踢足球"
        }),
) {
    TwoPage(
        it.arguments?.getString("name", "") ?: "",
        it.arguments?.getInt("age") ?: 20,
        it.arguments?.getString("hobby", "") ?: "",
    )
}
```

可以看到，可选参数必须使用查询参数语法"?argName={argName}"来添加，并且必须具有 defaultValue 集或 nullability = true（将默认值隐式设置为 null）。

既然是可选参数，那就是可写可不写。先不写来看看：

```
@Composable
fun OnePage(navController: NavHostController) {
    BasePage("One") {
        navController.navigate("two_page/Zhujiang/24")
    }
}

@Composable
fun TwoPage(content: String, age: Int, hobby: String) {
    val context = LocalContext.current
    BasePage("Two") {
        Toast.makeText(context, "${content}今年${age}岁，爱好$hobby", Toast.LENGTH_LONG).show()
    }
}
```

可以看到，在 OnePage 向 TwoPage 导航的时候并没有写 hobby 可选参数。运行看看效果，如图 8-16 所示。

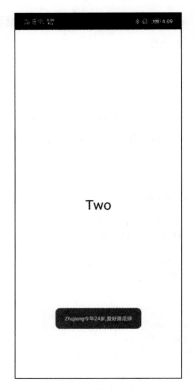

图 8-16 添加可选参数

可以看到，如果不写可选参数，会使用设定的默认值，如果将 nullability 设置为 true，默认值就为 null。下面看看导航的时候如何添加可选参数：

```
@Composable
fun OnePage(navController: NavHostController) {
    BasePage("One") {
        navController.navigate("two_page/Zhujiang/24?hobby=打乒乓球")
    }
}
```

添加可选参数的方法和 NavHost 中相同，还是使用查询参数语法 "?argName={argName}"。下面再来运行看看效果，如图 8-17 所示。

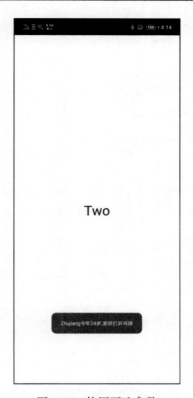

图 8-17　使用可选参数

从图 8-17 中可以看到，可选参数已经成功传递并显示出来了。

8.3.6　添加实体类参数

由于为 Compose 适配的 Navigation 中导航使用的是指向可组合项的路径，也可以理解为指向特定目的地的隐式深层链接，所以目前 Compose 中的 Navigation 无法直接传递实体类，那如果我们想传递实体类，该如何做呢？

还记得在平时的开发中网络请求经常使用什么来传递数据吗？没错，JSON 数据。JSON 数据也是字符串类型，所以可以作为参数进行传递。先来引入处理 JSON 数据的依赖 GSON。当然也可以使用别的依赖，这里就以 GSON 为例：

```
implementation 'com.google.code.gson:gson:2.8.6'
```

添加完依赖之后写一个实体类，之后将这个实体类作为参数进行传递：

```
data class People(val hand: String, val foot: String)
```

为简单起见，实体类 People 只定义了两个参数。下面先来看看在 OnePage 中如何构建 JSON 数据作为参数进行传递：

```kotlin
@Composable
fun OnePage(navController: NavHostController) {
    val people = People("两只手", "两只脚")
    val gson = Gson().toJson(people)
    BasePage("One") {
        navController.navigate("two_page/Zhujiang/24?hobby=打乒乓球/$gson")
    }
}
```

上面的代码首先构建了一个 People 类，然后通过 Gson 中的 toJson 方法将 People 类转为 JSON 数据，最后作为参数传入。下面看看如何接收并解析实体类参数：

```kotlin
composable(
    "two_page/{name}/{age}?hobby={hobby}/{people}",
    arguments = listOf(
        navArgument("name") { type = NavType.StringType },
        navArgument("age") { type = NavType.IntType },
        navArgument("hobby") {
            type = NavType.StringType
            defaultValue = "踢足球"
        },
        navArgument("people") { type = NavType.StringType },
    ),
) {
    val defaultPeople = it.arguments?.getString("people", "") ?: ""
    val people = Gson().fromJson(defaultPeople, People::class.java)
    TwoPage(
        it.arguments?.getString("name", "") ?: "",
        it.arguments?.getInt("age") ?: 20,
        it.arguments?.getString("hobby", "") ?: "",
        people
    )
}
```

同样是使用 getString 方法拿到传递过来的 JSON 数据，通过 Gson 的 fromJson 方法将 JSON 数据转为我们需要的 People 类，再将 People 类传入 TwoPage：

```kotlin
@Composable
fun TwoPage(content: String, age: Int, hobby: String, people: People) {
    val context = LocalContext.current
    BasePage("Two") {
        Toast.makeText(context, "${content}今年${age}岁，爱好$hobby, $people",
Toast.LENGTH_LONG).show()
    }
}
```

在 TwoPage 中添加 people 参数来接收 People 实体类，再通过吐司弹出来。下面运行代码看看效果，如图 8-18 所示。

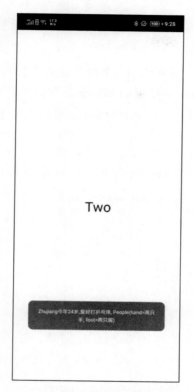

图 8-18　使用实体类参数

从图 8-18 中可以看到，实体类参数通过 JSON 数据已经成功传递了。大家在使用的时候可以通过这种方法将实体类作为参数进行传递。

8.4　使用 Jetpack 中的其他库

前面介绍了在 Compose 中使用 ViewModel、数据流和 Navigation，JetPack 中还有很多库，其中一些可以直接使用，就不过多介绍了，比如 Room、WorkManager 等，但还有一些库需要特殊的适配。本节带大家看看需要特殊适配的几个常用的 Jetpack 库。

8.4.1　使用 Hilt 进行依赖注入

先来考虑一个问题：什么是依赖注入呢？其实很简单，把有依赖关系的类放到容器中，然后解析出这些类的实例就是依赖注入。Android 中之前大多使用 Dagger2 进行依赖注入，而且 Hilt 是基于 Dagger2 开发的，针对 Android 开发进行了场景化，制定了一系列规则来简化 Dagger2 的使用。先来看看使用 Hilt 需要哪些依赖：

```
implementation 'androidx.hilt:hilt-lifecycle-viewmodel:1.0.0-alpha01'
// 使用 kotlin
kapt 'androidx.hilt:hilt-compiler:1.0.0-alpha01'
```

可以看到除了添加 Hilt 库，还需要添加一个额外的注释处理器，它在 Hilt 注释处理器的基础上运行。前面说到，要在 Compose 中使用 ViewModel，只需要使用可组合项 viewModel 即可。在使用 Hilt 进行依赖注入之后，可组合项 viewModel 也可以正常使用，只是 ViewModel 需要做一些修改：

```
@HiltViewModel
class TwoViewModel @Inject constructor(defaultCount: Int) : ViewModel() {

    private val _count = MutableLiveData(defaultCount)

    val count: LiveData<Int>
        get() = _count

    fun onCountChanged(count: Int) {
        _count.postValue(count)
    }

}
```

上面的代码为 ViewModel 添加了 HiltViewModel 的注解，并在构造方法前添加了 Inject 注解。其他代码没有改变，同样，使用可组合项 viewModel 即可正常运行。

在 Compose 中别的地方使用 Hilt 和在 Android View 中一样，大家可以直接在 Compose 中使用 Hilt 进行依赖注入。

8.4.2 使用 Paging 进行列表加载

Paging 库是 Jetpack 提供给开发者用来显示本地数据集或者网络数据集的分页库，可以让我们更加轻松地逐步添加数据，而且 Paging 也为 Compose 提供了支持。先来看看在 Compose 中使用 Paging 需要添加的依赖：

```
implementation 'androidx.paging:paging-compose:1.0.0-alpha08'
```

添加完依赖，再来看看在 Compose 中如何使用 Paging。在使用 Paging 的时候，通常会将数据构建为 Flow<PagingData<T>>类型来进行加载。Compose 中为 Flow<PagingData<T>>提供了一个扩展方法来将 Flow<PagingData<T>>转为 LazyPagingItems<T>类型的数据，如下所示：

```
@Composable
public fun <T : Any> Flow<PagingData<T>>.collectAsLazyPagingItems(): LazyPagingItems<T> {
    val lazyPagingItems = remember(this) { LazyPagingItems(this) }

    LaunchedEffect(lazyPagingItems) {
        launch { lazyPagingItems.collectPagingData() }
```

```
        launch { lazyPagingItems.collectLoadState() }
    }

    return lazyPagingItems
}
```

上面的扩展方法 collectAsLazyPagingItems 从 PagingData 的 Flow 中收集值，并将其表示在 LazyPagingItems 实例中，而且 Compose 中为 LazyListScope 添加了参数为 LazyPagingItems 的扩展方法供 LazyColumn 和 LazyRow 使用：

```
public fun <T : Any> LazyListScope.items(
    lazyPagingItems: LazyPagingItems<T>,
    itemContent: @Composable LazyItemScope.(value: T?) -> Unit
)
```

数据和之前在 Android View 中的一致，因此扩展方法可以将数据转为 Compose 中列表所需要的数据。综上所述，我们在 Compose 中可以直接使用 Paging 库。来看看实际使用案例：

```
@Composable
fun PagingTest(flow: Flow<PagingData<String>>) {
    val lazyPagingItems = flow.collectAsLazyPagingItems()
    LazyColumn {
        items(lazyPagingItems) {
            Text(it.toString())
        }
    }
}
```

从上面的代码中可以看到，LazyColumn 使用 Paging 库后的使用方法和之前的一致。不过需要注意的是，lazyPagingItems 中的 loadState 有多种状态，大家在使用的时候一定要注意处理各种状态。简单总结如下：

```
@Composable
fun Paging3Test(flow: Flow<PagingData<String>>) {
    val lazyPagingItems = flow.collectAsLazyPagingItems()
    LazyColumn {
        items(lazyPagingItems) {
            Text(it.toString())
        }

        val mediator = lazyPagingItems.loadState
        when {
            mediator.refresh is LoadState.Loading -> {
                item {
                    // 加载页面
                }
            }
            mediator.append is LoadState.Loading -> {
                item {
                    // 加载页面
                }
```

```
            }
            mediator.refresh is LoadState.Error -> {
                val e = lazyPagingItems.loadState.refresh as LoadState.Error
                Log.e(TAG, "Paging3Test: ${e.error.localizedMessage}")
                item {
                    // 错误页面
                }
            }
            mediator.append is LoadState.Error -> {
                val e = lazyPagingItems.loadState.append as LoadState.Error
                Log.e(TAG, "Paging3Test: ${e.error.localizedMessage}")
                item {
                    // 重试按钮
                    Row(
                        modifier = Modifier.fillMaxWidth().padding(8.dp),
                        verticalAlignment = Alignment.CenterVertically,
                        horizontalArrangement = Arrangement.Center,
                    ) {
                        Button(
                            onClick = { lazyPagingItems.retry() }) {
                            Text("Retry")
                        }
                    }
                }
            }
        }
    }
}
```

8.5 小结

本章我们学习了 Compose 和其他 Jetpack 库的搭配使用，比如 ViewModel、Navigation、Paging，等等。现在大家已经可以使用 Compose 开发应用程序了，一般的应用程序应该难不住你了。

Jetpack 中的很多库非常好用，掌握后可以大大提升开发效率。学好本章内容，剩下的内容就比较简单了。大家可以稍微放松一下，休息好了之后我们再出发！

第 9 章

和老代码搭配使用

学完前 8 章的内容,大家对 Compose 已经有了非常深入的了解,完全使用 Compose 进行开发应该没什么问题了,但是每个公司的项目情况不同,新项目当然可以完全使用 Compose 进行开发,但大多数项目处于维护状态,全部更换为 Compose 在短时间内不太现实,所以本章我们就来学习 Compose 如何和老代码搭配使用。

本章主要内容有:

- 在 Compose 中使用 Android View;
- 在 Android View 中使用 Compose;
- Compose 与现有页面进行集成。

下面我们一起来学习 Compose 和老代码的搭配使用吧!

9.1 在 Compose 中使用 Android View

前文介绍了 Compose 中的很多可组合项,即我们常说的控件,但 Compose 毕竟是一个全新的 UI 框架,虽然重写了我们熟悉的很多控件,但不可能面面俱到,比如 Android View 中的一些复杂控件 Compose 并没有重写。本节我们就来学习如何使用 Compose 中没有的 Android View 中的控件。

9.1.1 简单控件的使用

如果想在 Compose 中继续使用之前在 Android View 的开发中自定义的一些控件,或者觉得 Android View 中的一些控件比 Compose 中的可组合项使用起来更方便,就可以使用 Compose 中为 Android View 定制的可组合项 AndroidView。先来看看 AndroidView 的方法定义:

```kotlin
@Composable
fun <T : View> AndroidView(
    factory: (Context) -> T,
    modifier: Modifier = Modifier,
    update: (T) -> Unit = NoOpUpdate
)
```

可以看到 AndroidView 是一个泛型方法，泛型类型为继承自 View 的类。然后来看参数，一共有 3 个：factory、modifier 和 update。

factory 是必须填写的参数，其类型是一个函数对象(Context) -> T，需要返回继承自 View 的类，即 Android View 中的控件，函数的参数为 Context，可以直接用来构建 Android View 中的控件；modifier 是 Compose 中非常常用的参数，在之前的章节中也多次使用过，它的意思是修饰符；参数 update 的类型也是一个函数对象，这是 Compose 为我们提供的视图加载调用时的更新回调，函数参数为泛型 T，当回调中的 State 值发生变化的时候，AndroidView 也会进行重组。

介绍完 AndroidView 的方法定义后，来看看在代码中如何使用它：

```kotlin
@Composable
fun AndroidViewPage() {
    AndroidView(
        factory = {
            CalendarView(it)
        },
        modifier = Modifier.fillMaxWidth(),
        update = {
            it.setOnDateChangeListener { view, year, month, day ->
                Toast.makeText(view.context, "${year}年${month}月${day}日",
                    Toast.LENGTH_LONG).show()
            }
        }
    )
}
```

上面的代码中首先构建了一个 AndroidView，factory 中构建了一个 Compose 中没有的日历控件，然后通过修饰符将宽度设置为充满父布局，最后在 update 回调中为 CalendarView 添加日历修改监听，当选择日期时会弹出一个吐司。这里需要注意的是，在 factory 中构建视图时，如果使用 AndroidView 需要添加逻辑，要在 update 中添加。下面运行代码看看效果，如图 9-1 所示。

图 9-1　使用 `CalendarView` 控件

可以看到我们已经成功地将 Android View 中的 `CalendarView` 添加到了 Compose 中，而且切换日期的监听也添加成功了。

9.1.2　复杂控件的使用

上一节介绍了在 Compose 中使用 Android View 中的简单控件，虽然例子中的 `CalendarView` 不算简单，但和 `WebView`、`MapView` 等控件相比还是比较简单的，本节我们就来学习在 Compose 中使用 Android View 中的这些复杂控件。

众所周知，使用 `WebView`、`MapView` 等控件时需要在对应生命周期中调用对应方法，否则会引起内存泄漏。之前在 Android View 中使用的时候比较简单，因为可以在 `Activity` 或 `Fragment` 生命周期中直接进行调用，那在 Compose 中应该如何调用呢？

在 Compose 中如果需要根据生命周期来进行不同操作，就需要使用 `LocalLifecycleOwner`。通过 `LocalLifecycleOwner` 可以获取当前的 `lifecycle`，然后在控件创建的时候加上监听，之后在关闭的时候关掉监听即可。

下面来看看在 Compose 中如何创建一个 `WebView`：

```kotlin
@Composable
fun rememberWebViewWithLifecycle(): WebView {
    val context = LocalContext.current
    val webView = remember {
        WebView(context)
    }
    val lifecycleObserver = rememberWebViewLifecycleObserver(webView)
    val lifecycle = LocalLifecycleOwner.current.lifecycle
    DisposableEffect(lifecycle) {
        lifecycle.addObserver(lifecycleObserver)
        onDispose {
            lifecycle.removeObserver(lifecycleObserver)
        }
    }
    return webView
}

@Composable
private fun rememberWebViewLifecycleObserver(webView: WebView): LifecycleEventObserver =
    remember(webView) {
        LifecycleEventObserver { _, event ->
            when (event) {
                Lifecycle.Event.ON_RESUME -> webView.onResume()
                Lifecycle.Event.ON_PAUSE -> webView.onPause()
                Lifecycle.Event.ON_DESTROY -> webView.destroy()
                else -> Log.e("WebView", event.name)
            }
        }
    }
```

上面的代码中首先创建了一个 WebView，然后创建了 LifecycleEventObserver 的监听，在监听中处理了不同生命周期 WebView 需要调用的不同方法，以免引发内存泄漏，之后使用了 DisposableEffect（DisposableEffect 为需要清理的效应，第 2 章中讲解过），在 DisposableEffect 中为 lifecycle 添加了监听，在 onDispose 中将监听 remove。

至此，WebView 就创建完成了，下面来看看如何在 Compose 中使用它：

```kotlin
@Composable
fun WebViewPage() {
    val webView = rememberWebViewWithLifecycle()
    Scaffold(
        topBar = {
            TopAppBar(
                title = { Text("WebView 测试") },
                navigationIcon = {
                    IconButton(onClick = {
                        Log.e("WebViewPage", "WebViewPage: 点击返回按钮")
                    }) {
                        Icon(Icons.Filled.ArrowBack, "")
                    }
                },
            )
```

```
            },
            content = {
                AndroidView(
                    factory = {
                        webView
                    }, modifier = Modifier.fillMaxSize().background(Color.Red),
                    update = { webView ->
                        // 设置支持 JavaScript
                        val webSettings = webView.settings
                        webSettings.javaScriptEnabled = true
                        webView.loadUrl("https://www.baidu.com")
                    }
                )
            }
        )
    }
```

上面的代码首先使用 `rememberWebViewWithLifecycle` 将实现了生命周期的 `WebView` 创建出来，然后使用脚手架 `Scaffold` 添加了一个 `TopAppBar`，之后 `context` 中使用 `AndroidView` 将 `WebView` 放入，在 `AndroidView` 中的 `update` 回调中设置 `WebView` 的相关属性，并将 url 指定为了百度首页。下面运行看看效果，如图 9-2 所示。

图 9-2 使用 WebView 控件

从图 9-2 可以看到 WebView 成功显示出来了，脚手架中的内容也按照设定正常显示。

9.1.3 嵌入 XML 布局

前面两节介绍了在 Compose 中如何使用 Android View 中的控件，但只是通过代码的方式来进行创建并使用，而之前在 Android View 中大多使用 XML 的方式来构建布局。如果大家在重构项目时遇到复杂的 XML 布局不易使用 Compose 来构建，也可以直接在 Compose 中使用 XML 布局，不过 Compose 目前只支持以 `ViewBinding` 的方式构建的 XML 布局。

如果项目中没有启用 `ViewBinding`，需要先启用：

```
android {
    ...
    viewBinding {
        enabled = true
    }
}
```

启用了 `ViewBinding` 之后还需要添加 `ViewBinding` 为 Compose 适配的依赖：

```
implementation "androidx.compose.ui:ui-viewbinding:1.0.0-beta03"
```

依赖添加完毕就可以使用 `viewbinding` 库提供的 `AndroidViewBinding` API 了。下面来看看 `AndroidViewBinding` 的方法定义：

```
@Composable
fun <T : ViewBinding> AndroidViewBinding(
    factory: (inflater: LayoutInflater, parent: ViewGroup, attachToParent: Boolean) -> T,
    modifier: Modifier = Modifier,
    update: T.() -> Unit = {}
)
```

可以看到 `AndroidViewBinding` 也是一个泛型方法，泛型类型为 `ViewBinding`。`AndroidViewBinding` 也有 3 个参数，和上面讲的 `AndroidView` 参数名称都一致，不同的是第一个参数 `factory` 中的函数回调参数不同，这里回调参数有 `LayoutInflater`、`ViewGroup` 和 `attachToParent`，这 3 个回调参数可以帮助创建 `ViewBinding`。这里同样需要注意，在 `factory` 中构建视图时，如果需要添加逻辑，要在 `update` 中添加。另外，如果 XML 布局中有 `fragment`，Google 官方建议不要将 `fragment` 嵌入到 `AndroidViewBinding` 中。

下面先来创建一个 XML 布局：

```
<?xml version="1.0" encoding="utf-8"?>
<LinearLayout xmlns:android="http://schemas.android.com/apk/res/android"
    android:layout_width="match_parent"
    android:layout_height="match_parent"
    android:orientation="vertical">

    <EditText
        android:id="@+id/editName"
        android:layout_width="match_parent"
```

```xml
        android:layout_height="wrap_content"
        android:layout_margin="30dp"
        android:hint="name" />

    <EditText
        android:id="@+id/editPassword"
        android:layout_width="match_parent"
        android:layout_height="wrap_content"
        android:layout_marginHorizontal="30dp"
        android:hint="password" />

    <Button
        android:id="@+id/btnLogin"
        android:layout_width="wrap_content"
        android:layout_height="wrap_content"
        android:layout_gravity="center"
        android:layout_marginTop="30dp"
        android:text="Login" />

</LinearLayout>
```

上面的代码中构建了一个 XML 布局，这是一个简单的登录页面，竖向线性布局包裹着两个 EditText 和一个 Button。布局的预览效果如图 9-3 所示。

图 9-3　XML 登录页面预览

下面我们在 Compose 中使用上面所写的 XML 布局，操作如下：

```
@Composable
fun AndroidViewBindingPage() {
    AndroidViewBinding(
```

```
            factory = { inflate, parent, attachToParent ->
                ComposeLoginBinding.inflate(inflate, parent, attachToParent)
            },
            modifier = Modifier.fillMaxSize(),
            update = {
                btnLogin.setOnClickListener {
                    val name = editName.text.toString().trim()
                    val password = editPassword.text.toString().trim()
                    toLogin(name, password)
                }
            }
        )
    }

    fun toLogin(name: String, password: String) {
        if (name.isEmpty() || password.isEmpty()) {
            Log.e(TAG, "toLogin: 请输入完整信息")
            return
        }
        Log.e(TAG, "toLogin: 登录信息为：name:${name}, password:${password}")
    }
```

上面的代码中首先使用 AndroidViewBinding 将刚才写的 XML 布局引入 Compose，然后通过修饰符将布局大小设置为充满父布局，之后在 AndroidViewBinding 中的 update 回调中给 XML 布局中的控件添加相关逻辑操作，最后模拟登录写了一个登录方法，如果没有输入完整信息会输出错误日志，反之则输出登录信息。下面运行代码看看实际效果，如图 9-4 所示。

图 9-4　登录页面

在没有输入的情况下点击登录按钮,然后在数据完成的情况下再次点击登录按钮,之后看看输出的 Log 信息,如图 9-5 所示。

图 9-5　登录 Log 信息

从图 9-5 可以看出,如果没有输入完整信息,会提醒输入完整信息,反之则成功输出登录的相关信息。

大家在实际项目中可以根据需求从上述 3 种方式中选择一种将 Android View 添加到 Compose 中。

9.2　在 Android View 中使用 Compose

上一节我们学习了如何在 Compose 中使用 Android View,同样,在 Android View 中也可以使用 Compose,本节我们就来学习如何使用。

9.2.1　在代码中使用

我们平时编写 Android 代码的时候一般会使用 Activity 或 Fragment 来展示页面,下面分别进行讨论。

首先来看在 Activity 中如何使用 Compose。其实每个示例项目中都用到了 Activity,因为 Android 项目中一般会有一个启动 Activity,在这个 Activity 中我们就通过 setContent 的方式使用了 Compose,一起来回顾一下:

```
class MainActivity : ComponentActivity() {
    override fun onCreate(savedInstanceState: Bundle?) {
        super.onCreate(savedInstanceState)
        setContent { // 使用 Compose
            NineTheme {
                Surface(color = MaterialTheme.colors.background) {
                    Text(
                        "第9章",
                        modifier = Modifier.fillMaxWidth(),
                        fontSize = 50.sp,
                        textAlign = TextAlign.Center
                    )
                }
            }
        }
```

```
            }
        }
    }
```

上面的代码通过 setContent 的方式使用 Compose 创建了一个 Text，然后通过修饰符将宽度设置为充满父布局，之后将字号大小设置为 50sp，并设置为居中对齐。下面运行代码看看效果，如图 9-6 所示。

图 9-6　Activity 使用 Compose

这里需要注意的是，如果是新建的 Compose 项目，编译器会直接帮我们引入 Activity-compose 的依赖；如果是老项目，就需要我们自己来添加依赖了：

```
implementation 'androidx.activity:activity-compose:1.3.0-alpha06'
```

添加依赖之后就可以在 Activity 中通过 setContent 使用 Compose 了，不过切记将 Activity 继承的父类修改为 ComponentActivity，因为 setContent 是 ComponentActivity 的扩展方法。

说完了在 Activity 中如何使用 Compose，再来看看在 Fragment 中如何使用 Compose：

```
class ComposeFragment : Fragment() {

    override fun onCreateView(
        inflater: LayoutInflater, container: ViewGroup?,
        savedInstanceState: Bundle?
```

```kotlin
    ): View {
        return ComposeView(requireContext()).apply {
            setContent {
                NineTheme {
                    AndroidViewBindingPage()
                }
            }
        }
    }
}
```

从上面的代码中可以看到,在 Fragment 中我们直接通过 ComposeView 将 Compose 初始化,然后调用 ComposeView 中的 setContent 方法,在 setContent 方法中就可以使用 Compose 了。

如果一个布局中存在多个 ComposeView,那么每个 ComposeView 必须有唯一 ID 才能使 saveInstanceState 发挥作用。这很好理解,在 Android View 中也需要为控件创建唯一 ID 才能使 saveInstanceState 发挥作用。下面来看看代码应该如何写:

```kotlin
class ComposeFragment : Fragment() {

    override fun onCreateView(
        inflater: LayoutInflater, container: ViewGroup?,
        savedInstanceState: Bundle?
    ): View {
        return LinearLayout(requireContext()).apply {
            orientation = LinearLayout.VERTICAL
            addView(ComposeView(requireContext()).apply {
                id = R.id.compose_one
                setContent {
                    AndroidViewBindingPage()
                }
            })
            addView(Button(requireContext()).apply {
                id = R.id.compose_btn
                text = "Compose"
            })
            addView(ComposeView(requireContext()).apply {
                id = R.id.compose_two
                setContent {
                    Text("测试 Compose")
                }
            })
        }
    }
}
```

上面的代码中首先创建了一个 LinearLayout,然后将布局设置为 VERTICAL(竖向的),最后通过 addView 方法将 ComposeView 和 Button 添加到布局中。可以看到我们为添加在 LinearLayout 中的 View 都设置了唯一 ID,这里的 ID 需要在 res→value 目录下创建 ids.xml 文件进行保存:

```xml
<?xml version="1.0" encoding="utf-8"?>
<resources>
    <item name="compose_one" type="id" />
    <item name="compose_btn" type="id" />
    <item name="compose_two" type="id" />
</resources>
```

大家可以根据实际需求来选择加载方式，在 Activity 和 Fragment 中都可以完美使用 Compose。

9.2.2 在布局中使用

上一节讲了 Activity 和 Fragment 在代码中调用 Compose，如果想把 Compose 也放在 XML 布局中呢？当然也是可以的。上一节在 Fragment 中使用 Compose 的时候我们创建过 ComposeView，在 XML 布局中也可以使用 ComposeView：

```xml
<?xml version="1.0" encoding="utf-8"?>
<LinearLayout xmlns:android="http://schemas.android.com/apk/res/android"
    android:layout_width="match_parent"
    android:layout_height="match_parent"
    android:gravity="center"
    android:orientation="vertical">

    <EditText
        android:id="@+id/mainEditName"
        android:layout_width="match_parent"
        android:layout_height="wrap_content"
        android:layout_marginHorizontal="50dp"
        android:layout_marginBottom="20dp"
        android:hint="name" />

    <androidx.compose.ui.platform.ComposeView
        android:id="@+id/composeView"
        android:layout_width="match_parent"
        android:layout_height="wrap_content"
        android:layout_marginHorizontal="50dp" />

</LinearLayout>
```

上面的代码中最外层创建了一个竖向线性布局 LinearLayout，然后在 LinearLayout 内创建了一个 EditText 和一个 ComposeView，这样就可以在布局中将 Compose 和 Android View 结合使用了。下面来看看在 Activity 中如何使用 ComposeView：

```kotlin
class MainActivity : ComponentActivity() {

    private lateinit var activityMainBinding: ActivityMainBinding

    override fun onCreate(savedInstanceState: Bundle?) {
        super.onCreate(savedInstanceState)
        activityMainBinding = ActivityMainBinding.inflate(layoutInflater)
        setContentView(activityMainBinding.root)
        initView()
    }
```

```
private fun initView() {
    activityMainBinding.apply {
        composeView.setContent {
            Button(onClick = {
                Toast.makeText(this@MainActivity, mainEditName.text.toString(),
                    Toast.LENGTH_LONG).show()
            }){
                Text("ComposeView")
            }
        }
    }
}
```

上面的代码中首先创建了一个全局变量 activityMainBinding，接着在 onCreate 方法中将 activityMainBinding 初始化，通过 setContentView(activityMainBinding.root) 的方式将布局引入 Activity 中，这也是 ViewBinding 通常的使用方法。然后创建了 initView 方法，在 initView 方法中调用 XML 布局中创建的 composeView 中的 setContent 方法，之后就可以在 setContent 方法中编写 Compose 代码了。可以看到我们创建了一个 Button，在点击事件中弹出了一个吐司来展示当前 EditText 中输入的值。下面运行代码看看效果，如图 9-7 所示。

图 9-7　在 XML 布局中使用 Compose

从图 9-7 中可以看到，我们创建的 Compose 中的 `Button` 成功显示出来了，点击事件也添加成功了，当点击按钮的时候弹出了 `EditText` 中输入的内容。

Compose 就好像有"魔法"一样，不管是直接初始化一个 `ComposeView`，还是通过 XML 布局的方式创建 `ComposeView`，之后都可以调用 `setContent` 方法来使用 Compose。下面就来看看 `ComposeView` 的"魔法"是怎样实现的：

```kotlin
class ComposeView @JvmOverloads constructor(
    context: Context,
    attrs: AttributeSet? = null,
    defStyleAttr: Int = 0
) : AbstractComposeView(context, attrs, defStyleAttr) {

    fun setContent(content: @Composable () -> Unit) {
        shouldCreateCompositionOnAttachedToWindow = true
        this.content.value = content
        if (isAttachedToWindow) {
            createComposition()
        }
    }
}
```

上面的代码是经过删减的 `ComposeView` 的源码。可以看到在 `ComposeView` 中有我们非常熟悉的 `setContent` 方法，它接收一个函数对象，使用 `Composable` 注解声明为可组合项，之后再通过 Kotlin 的尾调函数就可以实现 `ComposeView` 的"魔法"了。

9.3 Compose 与现有页面集成

如果大家目前的应用程序是完全基于 Android View 编写的，可能并不想一次性将所有页面都改为使用 Compose，本节我们讨论向现有页面添加 Compose 时可能会遇到的问题。

9.3.1 创建 Android View 和 Compose 中通用的控件

如前所述，大家可能并不想一次性将所有基于 Android View 编写的页面都改为使用 Compose，也不可能完全不使用 Android View，大多数情况是像前两节中那样结合使用。本节我们学习创建 Android View 和 Compose 中通用的控件。

在使用 Compose 中的可组合项的时候，我们通常会在 `setContent` 方法中进行调用，以显示可组合项的内容，那如果在 Android View 中也想显示这个可组合项，该怎么办呢？Android View 中只能显示 View，并不能直接显示可组合项，这时我们就需要将可组合项转为在 Android View 中可以使用的 View 了。

下面就以刚才创建的 `WebViewPage` 为例，看看如何将可组合项 `WebViewPage` 转为 Android View

中可以使用的 View：

```
class AndroidWebViewPage @JvmOverloads constructor(
    context: Context,
    attrs: AttributeSet? = null,
    defStyle: Int = 0
) : AbstractComposeView(context, attrs, defStyle) {

    @Composable
    override fun Content() {
        WebViewPage()
    }

}
```

上面的代码中我们创建了一个继承自 `AbstractComposeView` 的 `AndroidWebViewPage`。`AbstractComposeView` 是一个抽象类，里面有一个抽象方法 `Content`，子类必须实现此方法才能提供内容。所以这里重写了 `Content` 方法，在 `Content` 方法中直接调用了可组合项 `WebViewPage`。通过上面代码的这一层封装之后，`AndroidWebViewPage` 就可以直接在 Android View 中使用了，使用方法如下：

```
<?xml version="1.0" encoding="utf-8"?>
<LinearLayout xmlns:android="http://schemas.android.com/apk/res/android"
    android:layout_width="match_parent"
    android:layout_height="match_parent"
    android:orientation="vertical">

    <com.zj.nine.AndroidWebViewPage
        android:id="@+id/shareWidget"
        android:layout_width="match_parent"
        android:layout_height="0dp"
        android:layout_margin="5dp"
        android:layout_weight="1" />

    <androidx.compose.ui.platform.ComposeView
        android:id="@+id/shareComposeView"
        android:layout_width="match_parent"
        android:layout_height="0dp"
        android:layout_margin="5dp"
        android:layout_weight="1" />

</LinearLayout>
```

从上面的代码中可以看到，我们刚刚创建的 `AndroidWebViewPage` 可以直接在 XML 布局中进行调用。我们还创建了一个 `ComposeView`。在 Compose 中再使用可组合项 `WebViewPage`，来看看代码应该如何编写：

```
class ShareWidgetActivity : ComponentActivity() {

    private lateinit var shareWidgetBinding: ActivityShareWidgetBinding
```

```kotlin
override fun onCreate(savedInstanceState: Bundle?) {
    super.onCreate(savedInstanceState)
    shareWidgetBinding = ActivityShareWidgetBinding.inflate(layoutInflater)
    setContentView(shareWidgetBinding.root)
    initView()
}

private fun initView() {
    shareWidgetBinding.apply {
        shareComposeView.setContent {
            WebViewPage()
        }
    }
}
```

首先设置 Activity 继承自 ComponentActivity，然后通过 ViewBinding 的方式引入布局，最后用 ComposeView 的 setContent 方法调用可组合项 WebViewPage。在 XML 中我们也调用了 AndroidWebViewPage，所以调用的都是同一个可组合项。下面运行代码看看效果，如图 9-8 所示。

图 9-8　在 Android View 中使用可组合项

从图 9-8 中可以看到，在 Android View 和 Compose 中可组合项都完美运行出来了。在实际开发中，大家也可以通过继承 AbstractComposeView 的方式来构建在 Android View 中也可以使用的可组合项，这样可以大大扩展 Compose 的使用范围。

9.3.2 Compose 中的屏幕适配

还记得之前在 Android View 中如何做屏幕适配吗？没错，就是通过不同的限定符来控制不同大小的屏幕显示不同的布局。图 9-9 展示了 Android View 中的屏幕适配。

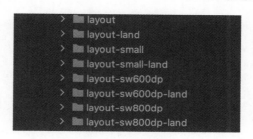

图 9-9 Android View 中的屏幕适配

但在 Compose 中这套屏幕适配方法完全失去了作用，因为在 Compose 中布局完全是用代码编写的，并不能将布局放在不同限定符的文件夹下。下面先来看看在 Compose 中如何处理横竖屏的变化：

```kotlin
@Composable
fun ScreenAdapter1() {
    val config = LocalConfiguration.current
    if (config.orientation == Configuration.ORIENTATION_LANDSCAPE) {
        // 横屏适配
        BaseText("横屏适配")
    } else {
        // 竖屏适配
        BaseText("竖屏适配")
    }
}

@Composable
fun BaseText(content: String) {
    Text(
        content,
        modifier = Modifier.fillMaxSize().wrapContentHeight(Alignment.CenterVertically),
        textAlign = TextAlign.Center,
        fontSize = 50.sp
    )
}
```

上面的代码中我们首先通过 `LocalConfiguration.current` 获取当前配置，然后根据 `orientation` 判断当前是横屏还是竖屏，最后根据横竖屏来显示不同的布局。下面运行代码，首先看看竖屏的效果，如图 9-10 所示。

图 9-10　Compose 竖屏适配

竖屏显示没什么问题，切换到横屏再来看看，效果如图 9-11 所示。

图 9-11　Compose 横屏适配

从图 9-10 和图 9-11 中可以看出，通过这种方式适配 Compose 中的横竖屏是可行的，没有什么问题。但屏幕适配不只涉及横竖屏，还涉及分辨率，这时就需要使用可组合项 BoxWithConstraints 了，BoxWithConstraints 可以根据可用空间定义自己的内容。下面来看看 BoxWithConstraints 方法的定义：

```kotlin
@Composable
fun BoxWithConstraints(
    modifier: Modifier = Modifier,
    contentAlignment: Alignment = Alignment.TopStart,
    propagateMinConstraints: Boolean = false,
    content: @Composable BoxWithConstraintsScope.() -> Unit
)
```

可以看到 BoxWithConstraints 接收 4 个参数：第一个为修饰符；第二个为内部的默认对齐方式；第三个为传入的最小约束是否应该传递给内容；第四个参数比较重要，着重讲一下，它的类型为 BoxWithConstraintsScope.() -> Unit，由于它是 BoxWithConstraints 中最后一个参数，所以也可以使用尾调函数来进行调用。下面来看看 BoxWithConstraintsScope 的源码：

```kotlin
@Stable
interface BoxWithConstraintsScope : BoxScope {
    // 父级布局给出的约束（以像素为单位）
    val constraints: Constraints
    // 最小宽度，单位为 Dp
    val minWidth: Dp
    // 最大宽度，单位为 Dp
    val maxWidth: Dp
    // 最小高度，单位为 Dp
    val minHeight: Dp
    // 最大高度，单位为 Dp
    val maxHeight: Dp
}
```

可以看到 BoxWithConstraintsScope 是一个接口，继承自 BoxScope，里面定义了最大宽高和最小宽高的值，我们可以使用这些值来进行屏幕适配，如下所示：

```kotlin
@Composable
fun ScreenAdapter2() {
    BoxWithConstraints {
        when {
            minWidth < 360.dp -> {
                // 最小宽度小于 360dp
            }
            minWidth < 480.dp -> {
                // 最小宽度小于 480dp
            }
            minWidth < 720.dp -> {
                // 最小宽度小于 720dp
            }
            else -> {
                // 最小宽度大于 720dp
            }
        }
    }
}
```

上面的代码通过 when 关键字来控制条件，这和之前 Android View 中的限定符其实是一样的，都是系统通过判断宽高限定来选用不同的布局。大家在实际项目中使用的时候可以将横竖屏和分辨率结合起来考虑。

9.4 小结

本章中我们学习了 Compose 如何与 Android View 搭配使用，比如在 Compose 中使用 Android View、在 Android View 中使用 Compose，以及 Compose 中的屏幕适配，等等。

至此，大家已经可以使用 Compose 进行项目开发了，也可以直接在老项目中使用 Compose 重构代码。下一章中我们将一起开发一个实际的完整应用程序，让大家能够更加熟练地使用 Compose 进行开发。稍事休息，然后继续出发！

第 10 章
Compose 实战——玩 Android

时间过得真快，转眼间已经到了本书最后一章。在之前的 9 章中，我们系统学习了 Compose 的知识，本章将带大家从创建项目开始写一个实际的项目，以此巩固之前学习的知识，以便大家更好地理解 Compose。

Android 开发者一般都知道"玩 Android"这个网站，该网站由 Android "大神"张鸿洋开发，其中有很多实用工具，还有很多优秀的 Android 相关文章，而且网站作者还为我们提供了开放的 API，本章中我们开发的项目就是基于此 API 的，在此对"玩 Android"网站的作者张鸿洋表示由衷的感谢。

10.1 搭建项目框架

本节中，我们将从创建项目开始搭建一个开发 Compose 的项目框架。快准备好开发工具，一起开始吧！

10.1.1 创建项目

首先，创建一个新项目。从 Android Studio 的菜单栏中选择 "File" → "New" → "New Project" 菜单项，如图 10-1 所示。

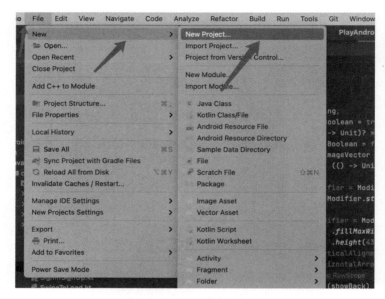

图 10-1　创建新项目

此时就会出现如图 10-2 所示的界面，从中选择"Empty Compose Activity"项。

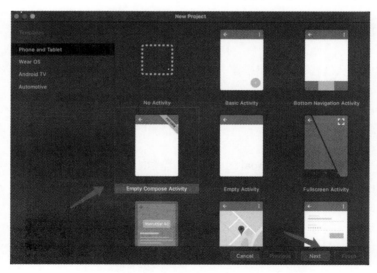

图 10-2　选择"Empty Compose Activity"项

之后点击"Next"按钮，此时会出现如图 10-3 所示的界面。在图 10-3 中填写项目相关的一些信息，比如项目名称、包名等，这里我将项目名称写为 PlayAndroid，最后点击"Finish"按钮，一个新的 Compose 应用程序就创建完成了。

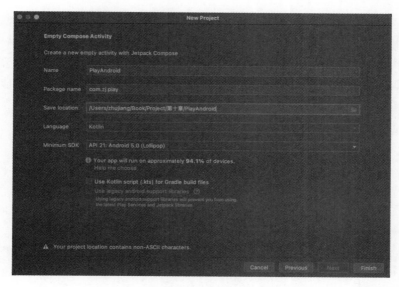

图 10-3　填写项目信息

10.1.2　搭建项目架构

之前占据 Android 项目架构主流地位的 MVP 已风光不在，取而代之的是 MVVM。

MVVM 架构主要将项目分为 3 部分：M（Model，数据）、V（View，UI 展示）、VM（ViewModel，连接数据和 UI 展示的桥梁）。之前 Android View 中的 V 层就是 `Activity` 或 `Fragment`，但在 Compose 中完全不同，整个项目只有一个用于启动的 Activity，剩余页面都由 Compose 进行编写。

首先，新建几个包以便之后开发使用，如图 10-4 所示。

图 10-4　项目包信息

可以看到一共创建了两个包：logic 和 ui，其中前者用于存放业务逻辑相关代码，后者用于存放页面展示相关代码。logic 包中又有 model、network 和 utils 包，分别存放对象模型、网络数据访问和工具类的相关代码。ui 包中又有 main、page、theme 和 view 包：theme 包之前说过，是 Compose 用来编写主题的包，view 包用来放置公用控件，page 包中的几个包分别对应"玩 Android"中我们要编写的几个页面。下面添加项目中需要用到的依赖：

```
dependencies {
......
    // Compose Banner 滚动
    implementation 'com.github.zhujiang521:Banner:1.3.6'

    // Compose 依赖库
    implementation "androidx.compose.ui:ui:$compose_version"
    implementation "androidx.compose.material:material:$compose_version"
    implementation "androidx.compose.ui:ui-tooling:$compose_version"
    implementation 'androidx.lifecycle:lifecycle-runtime-ktx:2.3.1'
    implementation 'androidx.activity:activity-compose:1.3.0-alpha06'
    implementation "androidx.compose.runtime:runtime-livedata:$compose_version"
    // navigation
    implementation "androidx.navigation:navigation-compose:1.0.0-alpha10"
    // 图片库
    implementation "dev.chrisbanes.accompanist:accompanist-coil:0.6.2"
    implementation "dev.chrisbanes.accompanist:accompanist-insets:0.6.2"
    // 网络请求
    implementation 'com.squareup.retrofit2:retrofit:2.9.0'
    implementation 'com.squareup.retrofit2:converter-gson:2.9.0'
    // Paging 分页加载
    implementation 'androidx.paging:paging-compose:1.0.0-alpha08'
    // DataStore
    implementation "androidx.datastore:datastore-preferences:1.0.0-alpha05"
......
}
```

上面这些库对大家来说并不陌生，因为在之前的章节中我们大都使用过，但有几个库需要额外讲讲。由于项目访问"玩 Android"API 需要网络请求，所以添加了 Retrofit 的依赖，Retrofit 可以帮助我们更加简单地访问网络请求。最后还添加了一个 Compose 的 Banner 图片库，用于展示"玩 Android"网站中的 Banner 图片。

至此，准备工作就差不多了，下面我们着手进行开发。

10.1.3　使用 Navigation 处理页面跳转

首先，使用 Navigation 做好项目中的堆栈处理。项目中一共有这几个页面：首页、项目页面、公众号页面、我的页面和文章详情页面，其中首页、项目页面、公众号页面和我的页面都在首页中通过底部导航栏的方式展现，所以需要通过 Navigation 进行跳转的页面只有文章详情页面。先来定义 Navigation 的目的地路线：

```
object PlayDestinations {
    const val HOME_PAGE_ROUTE = "home_page_route"
    const val ARTICLE_ROUTE = "article_route"
    const val ARTICLE_ROUTE_URL = "article_route_url"
}
```

可以看到，我们一共定义了 4 条路线，其中 ARTICLE_ROUTE 表示文章详情的路线，ARTICLE_ROUTE_URL 表示跳转文章详情所需参数的名称。下面集中处理项目中的页面跳转：

```
class PlayActions(navController: NavHostController) {

    val enterArticle: (ArticleModel) -> Unit = { article ->
        val gson = Gson().toJson(article).trim()
        val result = URLEncoder.encode(gson, "utf-8")
        navController.navigate("${PlayDestinations.ARTICLE_ROUTE}/$result")
    }
    val upPress: () -> Unit = {
        navController.navigateUp()
    }

}
```

上面的代码集中处理了项目中的页面跳转，别处如果需要调用，通过 PlayActions 直接调用即可。

最后，处理 NavHost 来进行实际跳转的操作：

```
@ExperimentalPagingApi
@Composable
fun NavGraph(
    startDestination: String = PlayDestinations.HOME_PAGE_ROUTE
) {
    val navController = rememberNavController()

    val actions = remember(navController) { PlayActions(navController) }
    NavHost(
        navController = navController,
        startDestination = startDestination
    ) {
        composable(PlayDestinations.HOME_PAGE_ROUTE) {
            MainPage(actions)
        }
        composable(
            "${PlayDestinations.ARTICLE_ROUTE}/{$ARTICLE_ROUTE_URL}",
            arguments = listOf(navArgument(ARTICLE_ROUTE_URL) {
```

```
                type = NavType.StringType
            })
    ) { backStackEntry ->
        val arguments = requireNotNull(backStackEntry.arguments)
        val parcelable = arguments.getString(ARTICLE_ROUTE_URL)
        val fromJson = Gson().fromJson(parcelable, ArticleModel::class.java)
        ArticlePage(
            article = fromJson,
            onBack = actions.upPress
        )
    }
}
```

上面的代码通过 `rememberNavController` 获取 `NavController`，`NavHost` 中的默认路线设置为首页，然后将文章详情页面进行跳转。关于文章详情页面需要说明一点，这里将传过来的参数通过 `Gson().fromJson` 方法将字符串转为了实体类。

10.1.4　使用 BottomNavigation 创建主页框架

上一节中说到 `NavHost` 中的默认路线是首页 `MainPage`，首页将使用 `BottomNavigation` 创建。主页中一共有 4 个页面，分别是首页、项目页面、公众号页面和我的页面。下面先来创建 Tab 的实体类：

```
enum class CourseTabs(
    @StringRes val title: Int,
    @DrawableRes val icon: Int
) {
    HOME_PAGE(R.string.home_page, R.drawable.ic_nav_news_normal),
    PROJECT(R.string.project, R.drawable.ic_nav_tweet_normal),
    OFFICIAL_ACCOUNT(R.string.official_account, R.drawable.ic_nav_discover_normal),
    MINE(R.string.mine, R.drawable.ic_nav_my_normal)
}
```

可以看到，一共创建了 4 个 Tab，对应上述 4 个页面。下面来创建 `BottomNavigation`：

```
@ExperimentalPagingApi
@Composable
fun MainPage(actions: PlayActions, viewModel: HomeViewModel = viewModel()) {

    val position by viewModel.position.observeAsState()
    val tabs = CourseTabs.values()

    Scaffold(
        backgroundColor = MaterialTheme.colors.primary,
        bottomBar = {
```

```
            BottomNavigation {
                tabs.forEach { tab ->
                    BottomNavigationItem(
                        modifier = Modifier
                            .background(MaterialTheme.colors.primary),
                        icon = { Icon(painterResource(tab.icon), contentDescription = null) },
                        label = { Text(stringResource(tab.title).toUpperCase(Locale.ROOT)) },
                        selected = tab == position,
                        onClick = {
                            viewModel.onPositionChanged(tab)
                        },
                        alwaysShowLabel = true,
                    )
                }
            }
        }
    ) { innerPadding ->
        val modifier = Modifier.padding(innerPadding)
        // 淡入淡出布局切换动画
        Crossfade(targetState = position) { screen ->
            when (screen) {
                CourseTabs.HOME_PAGE -> HomePage(actions, modifier)
                CourseTabs.PROJECT -> ProjectPage(actions.enterArticle, modifier)
                CourseTabs.OFFICIAL_ACCOUNT -> OfficialAccountPage(actions.enterArticle, modifier)
                CourseTabs.MINE -> ProfilePage(actions)
            }
        }
    }
}
```

在上面的代码中，MainPage 可组合项接收两个参数：第一个就是上一节中我们创建的 PlayActions；第二个参数为 HomeViewModel，用来控制当前显示的页面。因为如果不控制，退出当前应用程序并且没有将应用程序杀死，再次返回应用程序时，就会回到默认页面，这并不是我们想看到的。因此，要保存当前切换的页面值，再次返回的时候就会切换到上次访问的页面。关于上面的代码，还需要说明一点，我们在页面切换的时候使用了 Crossfade 页面切换动画，因此当页面跳转的时候会有淡入淡出的动画效果。下面来看看 HomeViewModel 是如何定义的：

```
class HomeViewModel : ViewModel(){

    private val _position = MutableLiveData(CourseTabs.HOME_PAGE)
    val position: LiveData<CourseTabs> = _position

    fun onPositionChanged(position: CourseTabs) {
        _position.value = position
    }

}
```

可以看到，`HomeViewModel` 中首先定义了一个 `MutableLiveData`，其默认值设置为 `CourseTabs.HOME_PAGE`；然后定义了一个 `LiveData`，用来获取当前 `MutableLiveData` 中的值；最后定义了一个 `onPositionChanged` 方法，用来修改当前 `MutableLiveData` 中的值。下面我们先把主页的 4 个页面简单地只写一个 `Text` 来看看效果，如图 10-5 所示。

图 10-5　项目初始框架

至此，整个项目的初始框架就搭建完成了，下一步需要先完成主页中的 4 个页面，再写文章详情和我的页面。

10.2　实现项目首页

在上一节中，我们简单搭建了项目的初始框架，本节中我们来实现项目首页。先来看看实现好的样式，如图 10-6 所示。

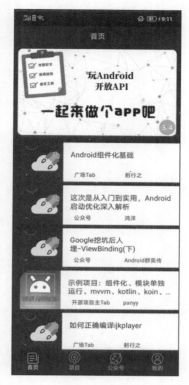

图 10-6　项目首页

如图 10-6 所示，首页由两部分组成：上面的 Banner 和下面的文章列表。我们需要首先通过网络请求获取网络数据，然后定义可组合项来展示内容。赶快开始吧！

10.2.1　实现首页逻辑层

在逻辑层中，我们需要获取网络数据并提供给可组合项使用。这里我们先通过网络请求获取数据。关于网络请求，我们使用的是 Retrofit 库。"玩 Android" API 的网址为 https://www.wanandroid.com/blog/show/2，在浏览器中输入此网址，会出现如图 10-7 所示的页面。

图 10-7 "玩 Android" API

此网站中提供了我们编写应用程序需要的一些接口，在本节中我们需要用到的 API 是首页 Banner 和首页文章列表。首先，需要通过 JSON 数据编写实体类。网站中有数据示例，可以直接通过 Android Studio 中的插件——JSON To Kotlin Class 来生成实体类。直接在 Android Studio 的 Plugins 中通过名字搜索并安装该插件，如图 10-8 所示。

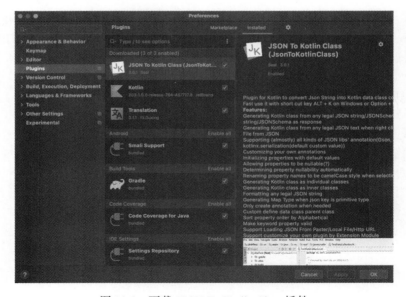

图 10-8 下载 JSON To Kotlin Class 插件

安装好之后，Windows 用户可以通过 Alt+K 快捷键（Mac 用户可以通过 Option+K 快捷键）打开页面，如图 10-9 所示。

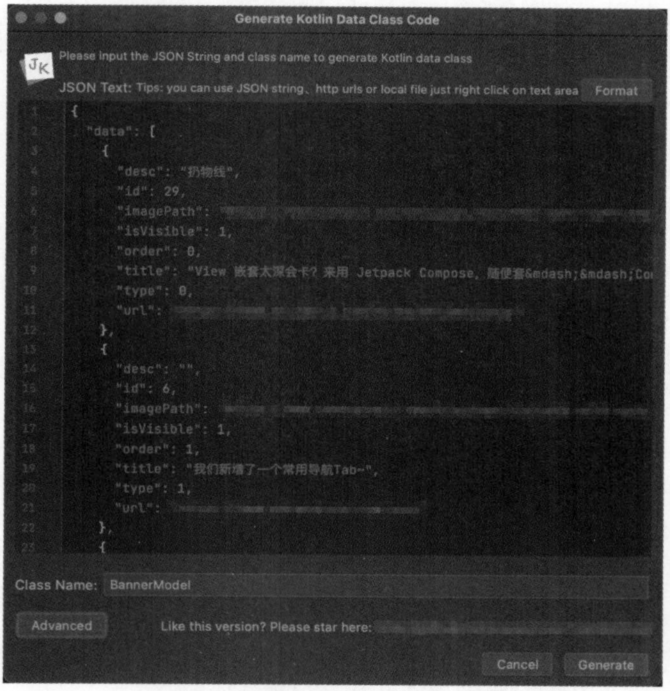

图 10-9 使用 JSON To Kotlin Class 插件

将 JSON 样例值复制进去，然后设置类名，最后点击右下角的 "Generate" 按钮即可生成 JSON 值对应的实体类。

编写完实体类之后，我们来编写网络请求。如果项目中用到网络请求，一定要记得添加权限。在 AndroidManifest.xml 中添加网络请求的权限：

```
<uses-permission android:name="android.permission.INTERNET" />
```

接着，定义获取 Banner 和文章列表 API 的 Retrofit 接口：

```
interface HomePageService {

    @GET("banner/json")
    suspend fun getBanner(): BaseModel<List<BannerBean>>

    @GET("article/list/{a}/json")
    suspend fun getArticle(@Path("a") a: Int): BaseModel<ArticleListModel>

}
```

可以看到，我们定义了两个 Get 请求，分别用来获取 Banner 和文章列表，返回值为上面生成的实体类。下面该创建 Retrofit 了：

```
object ServiceCreator {

    private const val BASE_URL = "https://www.wanandroid.com/"

    private fun create(): Retrofit {
        return Retrofit.Builder().apply {
            baseUrl(BASE_URL)
            addConverterFactory(GsonConverterFactory.create())
        }.build()
    }

    fun <T> create(service: Class<T>): T = create().create(service)
}
```

在上面的代码中，首先定义了 BASE_URL，然后通过 Retrofit.Builder 创建了 Retrofit，并将定义好的 BASE_URL 设置进去，接着将 GsonConverterFactory 设置为默认的数据转换工厂，之后定义了一个名为 create 的泛型方法，通过刚才创建的 Retrofit 来调用 Retrofit 中的 create 方法，返回值为传入的 Retrofit 接口。通过接口，我们就可以直接访问接口中定义的网络请求了。创建好 Retrofit 之后，需要创建一个统一的网络数据源访问入口，对所有网络请求进行一层封装：

```
object PlayAndroidNetwork {

    private val homePageService = ServiceCreator.create(HomePageService::class.java)

    suspend fun getBanner() = homePageService.getBanner()

    suspend fun getArticleList(page: Int) = homePageService.getArticle(page)

}
```

上面的代码定义了一个单例 PlayAndroidNetwork，用于统一处理网络数据源的访问，这里通过调用上面定义的 ServiceCreator.create 方法来获取 homePageService 接口，然后实现了 homePageService 中的两个网络请求，这样其他地方如果想调用获取 Banner 的请求，直接通过 PlayAndroidNetwork.getBanner 即可实现。下面来创建首页的 Repository：

```
abstract class BaseArticlePagingRepository {
    companion object {
        const val PAGE_SIZE = 15
    }

    abstract fun getPagingData(query: Query): Flow<PagingData<ArticleModel>>
}

// 查询类
data class Query(
    var cid: Int = -1,
```

```kotlin
        var k: String = ""
)

class HomeArticlePagingRepository : BaseArticlePagingRepository() {

    @ExperimentalPagingApi
    override fun getPagingData(query: Query) = Pager(
        PagingConfig(
            pageSize = PAGE_SIZE,
            enablePlaceholders = false
        )
    ) {
        HomePagingSource()
    }.flow

    suspend fun getBanner(state: MutableLiveData<PlayState>) {
        state.postValue(PlayLoading)
        val bannerResponse = PlayAndroidNetwork.getBanner()
        if (bannerResponse.errorCode == 0) {
            val bannerList = bannerResponse.data
            bannerList.forEach {
                it.data = it.imagePath
            }
            state.postValue(PlaySuccess(bannerList))
        } else {
            state.postValue(PlayError(RuntimeException("response status is ${bannerResponse.errorCode}   msg is ${bannerResponse.errorMsg}")))
        }
    }

}

sealed class PlayState
object PlayLoading : PlayState()
data class PlaySuccess<T>(val data: T) : PlayState()
data class PlayError(val e: Throwable) : PlayState()
```

可以看到，`HomeArticlePagingRepository` 继承自 `BaseArticlePagingRepository` 类。`BaseArticlePagingRepository` 是一个抽象类，统一定义了一次加载的数据条数，然后定义了一个抽象方法 `getPagingData`。`getPagingData` 接收一个参数 `query`，其类型为 `Query`。`Query` 为一个数据类，可以设置一些查询需要的数据。`getPagingData` 方法用于给 `Paging` 加载库提供数据，所以返回值为 `Flow<PagingData<ArticleModel>>`。

下面来看 `getBanner` 方法。`getBanner` 接收一个 `MutableLiveData` 类型的参数，泛型为 `PlayState`，而 `PlayState` 为定义的数据状态。可以看到，`PlayState` 有 3 个子类，分别表示数据加载的 3 种状态：加载中、加载成功和加载失败。这样在 `getBanner` 方法中就可以将数据的状态传入 `MutableLiveData`，然后通过 `PlayAndroidNetwork.getBanner` 获取 `Banner` 数据，成功的话返回 `PlaySuccess`，失败的话返回 `PlayError`。

接着我们来看 getPagingData 方法。getPagingData 是重写父类 BaseArticlePagingRepository 中的方法，用于获取文章列表的数据，通过 Pager 类的构造方法来构建一个 Pager，然后通过 HomePagingSource 构建数据，最后通过 flow 将 Pager 转为 Flow 类型。下面来看看如何构建 HomePagingSource 类：

```kotlin
class HomePagingSource() : PagingSource<Int, ArticleModel>() {

    override suspend fun load(params: LoadParams<Int>): LoadResult<Int, ArticleModel> {
        return try {
            val page = params.key ?: 1 // 将第 1 页设置为默认值
            val apiResponse = PlayAndroidNetwork.getArticle(page)
            val articleList = apiResponse.data.datas
            val prevKey = if (page > 1) page - 1 else null
            val nextKey = if (articleList.isNotEmpty()) page + 1 else null
            LoadResult.Page(articleList, prevKey, nextKey)
        } catch (e: Exception) {
            LoadResult.Error(e)
        }
    }

    override fun getRefreshKey(state: PagingState<Int, ArticleModel>): Int? =null
}
```

上面的代码首先构建了 HomePagingSource，通过 PlayAndroidNetwork.getArticle(page) 方法从网络端获取文章列表的数据，然后构建出上一页和下一页的索引，并通过 LoadResult.Page 输出加载成功的对象。如果加载过程中出了问题，则会通过 catch 方法抛出异常，并通过 LoadResult.Error 输出加载失败的结果。

至此，首页的逻辑层就只剩 ViewModel 还未编写，下面来看看首页的 ViewModel：

```kotlin
abstract class BaseArticleViewModel(application: Application) : AndroidViewModel(application) {

    abstract val repositoryArticle: BaseArticlePagingRepository

    private val searchResults = MutableSharedFlow<Query>(replay = 1)

    @OptIn(ExperimentalCoroutinesApi::class)
    val articleResult: Flow<PagingData<ArticleModel>> = searchResults.flatMapLatest {
        repositoryArticle.getPagingData(it)
    }.cachedIn(viewModelScope)

    private var searchJob: Job? = null

    open fun searchArticle(query: Query) {
        searchJob?.cancel()
        searchJob = viewModelScope.launch {
            searchResults.emit(query)
        }
    }
}
```

```kotlin
class HomePageViewModel(application: Application) : BaseArticleViewModel(application) {

    override val repositoryArticle: BaseArticlePagingRepository
        get() = HomeArticlePagingRepository()

    private var bannerJob: Job? = null

    private val _bannerState = MutableLiveData<PlayState>()

    val bannerState: LiveData<PlayState>
        get() = _bannerState

    fun getData(){
        getBanner()
        searchArticle(Query())
    }

    private fun getBanner() {
        bannerJob?.cancel()
        bannerJob = viewModelScope.launch(Dispatchers.IO) {
            (repositoryArticle as HomeArticlePagingRepository).getBanner(_bannerState)
        }
    }
}
```

在上面的代码中，我们首先定义一个抽象的 ViewModel，用于使用 Paging 加载数据的页面。BaseArticleViewModel 继承自 AndroidViewModel，然后定义了一个抽象变量，变量类型为 BaseArticlePagingRepository，即 HomeArticlePagingRepository 的父类，接着通过 searchArticle 方法传入值的改变刷新网络请求。之后使用 Paging 库来加载数据的 ViewModel 都可以继承此类进行编写。

HomePageViewModel 继承自 BaseArticleViewModel，然后我们实现了 BaseArticleViewModel 的抽象变量，将 HomeArticlePagingRepository 传入，之后通过 HomeArticlePagingRepository.getBanner 方法获取 Banner 数据，并将 MutableLiveData<PlayState> 当作参数传入，在 HomeArticlePagingRepository 中的 getBanner 方法中会将数据获取结果放入 MutableLiveData 中，即数据发生变化时 bannerState 就可以观察到。

10.2.2 实现首页 UI 层

在上一节中，我们完成了项目首页的逻辑层代码，由于是从零到一，所以代码会稍微多一点儿，不过之后的页面编写会简单一些，因为很多类已经写好，其他页面可以直接使用。本节中，我们将实现首页的 UI，即编写首页的可组合项。

1. 编写通用标题栏

在 Android 中，几乎每个页面都会用到标题栏，Google 官方也给出了标题栏的一些实现，但

往往不太符合我们的要求,所以这里我们编写一个项目中通用的标题栏,以便在之后的页面中也能使用:

```kotlin
@Composable
fun PlayAppBar(
    title: String,
    showBack: Boolean = true,
    click: (() -> Unit)? = null,
    showRight: Boolean = false,
    rightImg: ImageVector = Icons.Rounded.MoreVert,
    rightClick: (() -> Unit)? = null,
) {
    Column(modifier = Modifier.background(color = MaterialTheme.colors.primary)) {
        Spacer(Modifier.statusBarsHeight())
        Row(
            modifier = Modifier
                .fillMaxWidth()
                .height(43.dp),
            verticalAlignment = Alignment.CenterVertically,
            horizontalArrangement = Arrangement.Center,
        ) {
            if (showBack && click != null) {
                IconButton(
                    modifier = Modifier
                        .wrapContentWidth(Alignment.Start), onClick = click!!
                ) {
                    Icon(
                        imageVector = Icons.Rounded.ArrowBack,
                        contentDescription = "back"
                    )
                }
            }
            Text(
                modifier = Modifier
                    .weight(1f)
                    .wrapContentWidth(Alignment.CenterHorizontally),
                text = title,
                style = MaterialTheme.typography.subtitle1,
                maxLines = 1,
                overflow = TextOverflow.Ellipsis,
            )
            if (showRight && rightClick != null) {
                IconButton(
                    modifier = Modifier.wrapContentWidth(Alignment.End),
                    onClick = rightClick
                ) {
                    Icon(
                        imageVector = rightImg,
                        contentDescription = "more"
                    )
                }
            }
        }
    }
}
```

在上面的代码中,我首先构建了一个竖向线性列表,然后创建了一个 Spacer 用于占据状态栏的高度,最后创建一个横向线性列表,用于存放标题栏中的可组合项。可以看到,PlayAppBar 一共有 6 个参数,必须填写的只有标题,剩下的都是左右按钮的显示与否和点击事件,最后根据传入的参数设置左右按钮及点击事件。

2. 编写不同状态显示的页面

众所周知,在项目中使用网络请求的时候一般会做好状态管理,比如无网状态下页面应该如何显示、加载过程中页面应该如何显示,等等。一般情况下,会分为 3 种情况来考虑:加载中、加载成功和加载失败。在上一节中,我们已经定义好项目中的状态类 PlayState,下面就来集中处理这几种状态:

```
@Composable
fun LcePage(playState: PlayState, onErrorClick: () -> Unit, content: @Composable () -> Unit) {

    when (playState) {
        PlayLoading -> {
            LoadingContent()
        }
        is PlayError -> {
            ErrorContent(onErrorClick = onErrorClick)
        }
        is PlaySuccess<*> -> {
            content()
        }
    }

}
```

可以看到,LcePage 接收 3 个参数,第一个参数 playState 为当前页面的状态信息,第二个参数 onErrorClick 为加载失败的回调接口,第三个参数 content 为加载成功应该显示的回调。下面先来看加载中可组合项 LoadingContent 的代码:

```
@Composable
fun LoadingContent(
    modifier: Modifier = Modifier
) {
    Column(
        modifier = modifier.fillMaxSize(),
        verticalArrangement = Arrangement.Center,
        horizontalAlignment = Alignment.CenterHorizontally,
    ) {
        // 添加 View 到 Compose
        AndroidView(
            { ProgressBar(it) }, modifier = Modifier
                .width(200.dp)
                .height(110.dp)
        ) {
            it.indeterminateDrawable =
                AppCompatResources.getDrawable(LocalContext.current, R.drawable.loading_animation)
```

可以看到，在加载中的页面我们使用了 Android View 中的 `ProgressBar`，然后设置了居中显示，最后设置了加载时显示的动画。

下面来看看加载错误时要显示的页面：

```
@Composable
fun ErrorContent(
    modifier: Modifier = Modifier,
    onErrorClick: () -> Unit
) {
    Column(
        modifier = modifier.fillMaxSize(), verticalArrangement = Arrangement.Center,
        horizontalAlignment = Alignment.CenterHorizontally
    ) {
        Image(
            modifier = Modifier.padding(vertical = 50.dp),
            painter = painterResource(id = R.drawable.bad_network_image),
            contentDescription = "网络加载失败"
        )
        Button(onClick = onErrorClick) {
            Text(text = stringResource(id = R.string.bad_network_view_tip))
        }
    }
}
```

可以看到，`ErrorContent` 有两个参数，第一个为修饰符，第二个为重新加载页面的回调。页面内容很简单，一个竖向线性列表嵌套一张图片和一个按钮，点击按钮的时候调用传入的函数对象，即重试。

3. 编写首页 Banner

前面的一切都是为之后的开发做铺垫。下面我们开始编写首页中的布局，先来看看如何使用 Banner：

```
@Composable
fun HomePage(
    actions: PlayActions,
    modifier: Modifier = Modifier,
    viewModel: HomePageViewModel = viewModel()
) {
    val bannerData by viewModel.bannerState.observeAsState(PlayLoading)
    viewModel.getData()

    Column(modifier = modifier.fillMaxSize()) {
        PlayAppBar(
            stringResource(id = R.string.home_page),
            false
        )
```

```
        LcePage(
            playState = bannerData,
            onErrorClick = {
                viewModel.getData()
            }
        ) {
            val data = bannerData as PlaySuccess<List<BannerBean>>
            BannerPager(items = data.data, indicator = NumberIndicator()) {
                actions.enterArticle(
                    ArticleModel(
                        title = it.title,
                        link = it.url
                    )
                )
            }
        }
    }
}
```

在上面的代码中，我们通过 viewModel 将 HomePageViewModel 引入到可组合项中，然后通过 viewModel.bannerState.observeAsState(PlayLoading)将 ViewModel 中的 LiveData 转为 Compose 中可观察的 State 值，再通过 viewModel.getData 获取网络数据。之后就用到了上面编写的标题栏和 LcePage，在重试回调中再次写上 viewModel.getData 以在网络不好的情况下进行重试。最后将 bannerData 强转为 List<BannerBean>，并传入 BannerPager 中，在 Banner 的点击事件中设置跳转到文章详情页面（此页面之后会写）。下面运行看看效果，如图 10-10 所示。

图 10-10　创建 Banner

4. 编写首页文章列表

Banner 创建完成之后，首页就只剩下文章列表未创建了。现在数据已经准备好了，只需要调用并显示即可。下面就来创建文章列表：

```kotlin
@Composable
fun ArticleListPaging(
    modifier: Modifier = Modifier,
    listState: LazyListState,
    lazyPagingItems: LazyPagingItems<ArticleModel>,
    enterArticle: (ArticleModel) -> Unit
) {
    val context = LocalContext.current
    LazyColumn(
        modifier = modifier,
        state = listState
    ) {
        items(lazyPagingItems) { article ->
            ArticleItem(article) { urlArgs ->
                enterArticle(urlArgs)
            }
        }
        val loadStates = lazyPagingItems.loadState
        when {
            loadStates.refresh is LoadState.Loading -> {
                item { LoadingContent(modifier = Modifier.fillParentMaxSize()) }
            }
            loadStates.append is LoadState.Loading -> {
                item { LoadingContent() }
            }
            loadStates.refresh is LoadState.Error -> {
                val e = lazyPagingItems.loadState.refresh as LoadState.Error
                showToast(context, e.error.localizedMessage ?: "")
                item {
                    ErrorContent(modifier = Modifier.fillParentMaxSize()) {
                        lazyPagingItems.retry()
                    }
                }
            }
            loadStates.append is LoadState.Error -> {
                val e = lazyPagingItems.loadState.append as LoadState.Error
                showToast(context, e.error.localizedMessage ?: "")
                item {
                    Row(
                        modifier = Modifier.fillMaxWidth().padding(8.dp),
                        verticalAlignment = Alignment.CenterVertically,
                        horizontalArrangement = Arrangement.Center,
                    ) {
```

```
                Button(
                    onClick = { lazyPagingItems.retry() }) {
                    Text("Retry")
                }
            }
        }
    }
}
```

上面的代码看着很多，实际上大部分是处理 Paging 的不同加载状态的。我们创建了一个 LazyColumn，然后通过扩展方法 items 直接将数据传入，之后通过 ArticleItem 展示每一条数据。下面来看看文章条目的代码：

```
@Composable
fun ArticleListItem(
    article: ArticleModel,
    onClick: () -> Unit,
    modifier: Modifier = Modifier,
    shape: Shape = RectangleShape,
    elevation: Dp = 1.dp,
    titleStyle: TextStyle = MaterialTheme.typography.subtitle1
) {
    Surface(
        elevation = elevation,
        shape = shape,
        modifier = modifier
    ) {
        Row(modifier = Modifier.clickable(onClick = onClick)) {
            if (article.envelopePic.isNotBlank()) {
                NetworkImage(
                    url = article.envelopePic,
                    contentDescription = null,
                    modifier = Modifier.aspectRatio(1f)
                )
            } else {
                Image(
                    painter = painterResource(R.drawable.img_default), contentDescription = null,
                    modifier = Modifier
                        .height(96.dp)
                        .width(91.5.dp)
                )
            }
            Column {
                Text(
                    text = getHtmlText(article.title),
                )
```

```
                Row(verticalAlignment = Alignment.CenterVertically) {
                    Text(
                        text = article.superChapterName,
                    )
                    Text(
                        text = if (TextUtils.isEmpty(article.author)) article.shareUser else article.author)
                }
            }
        }
    }
}
```

上面的代码最外层使用 Surface 进行包裹，并且设置了圆角和阴影显示，然后创建了一个横向线性布局（如果文章中有图片，就显示文章中的图片，否则显示本地的图片），最后设置条目中文章的标题和作者等相关信息。

好，现在文章展示列表也写好了，可以直接使用了，如下所示：

```
val lazyPagingItems = viewModel.articleResult.collectAsLazyPagingItems()

Column(modifier = modifier.fillMaxSize()) {
    PlayAppBar(
        stringResource(id = R.string.home_page),
        false
    )
    LcePage(
        playState = bannerData,
        onErrorClick = {
            viewModel.getData()
        }
    ) {
        // Banner
        ......
        // 文章列表
        ArticleListPaging(
            Modifier,
            listState,
            lazyPagingItems,
            actions.enterArticle
        )
    }
}
```

上面 Banner 数据使用的是 LivaData，而这里文章列表的数据为 Flow，所以需要通过 collectAsLazyPagingItems 方法转为 Compose 可观察的 State 值，然后直接调用刚刚写好的文章列表可组合项 ArticleListPaging，将数据传入即可。下面运行代码看看效果，如图 10-11 所示。

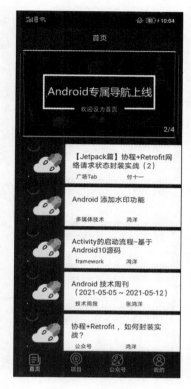

图 10-11 首页实现

可以看到，首页功能及 UI 已经完全实现。下滑列表的时候，由于是通过 Paging 实现的，数据已经提前加载好了，所以文章列表好像没有尽头一样。

10.3 实现项目页面

上一节中我们实现了首页的逻辑及 UI，目前首页已经编写完成，本节中我们将编写项目页面。项目页面由两部分组成，如图 10-12 所示。

可以看到：最上面展示项目的分类，例如完整项目、跨平台应用，等等；下面展示分类下的文章列表，当点击不同项目分类的时候，下面的文章列表会刷新为点击的项目分类的文章列表。我们来看看项目页面的具体实现流程。

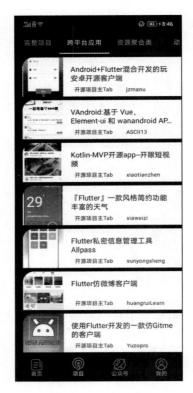

图 10-12 项目页面

10.3.1 实现项目页面的逻辑层

和首页一样,第一步要做的还是通过 JSON 值构建实体类(这在上一节中已讲过),第二步需要定义获取项目分类和文章列表 API 的 Retrofit 接口:

```
interface ProjectService {

    @GET("project/tree/json")
    suspend fun getProjectTree(): BaseModel<List<ClassifyModel>>

    @GET("project/list/{page}/json")
    suspend fun getProject(
        @Path("page") page: Int,
        @Query("cid") cid: Int
    ): BaseModel<ArticleListModel>

}
```

定义好接口之后,别忘了在 PlayAndroidNetwork 中添加我们定义的网络请求:

```kotlin
private val projectService = ServiceCreator.create(ProjectService::class.java)

suspend fun getProjectTree() = projectService.getProjectTree()

suspend fun getProject(page: Int, cid: Int) = projectService.getProject(page, cid)
```

可以看到，项目的分类可以直接获取，但项目列表需要传入两个参数，第一个参数为当前页码，第二个参数为项目分类的 id，通过这两个参数就可以准确获取需要显示的项目列表。

数据源访问入口创建好之后，就该创建 Repository 了。下面来看看项目页面的 Repository 的代码：

```kotlin
class ProjectRepository constructor(val application: Application) :BaseArticlePagingRepository {

    /**
     * 获取标题列表
     */
    suspend fun getTree(state: MutableLiveData<PlayState>) {
        state.postValue(PlayLoading)
        if (!NetworkUtils.isConnected(application)) {
            showToast(application, R.string.no_network)
            state.postValue(PlayError(NetworkErrorException(application.getString(R.string.
                no_network))))
            return
        }
        val tree = PlayAndroidNetwork.getProjectTree()
        if (tree.errorCode == 0) {
            val projectList = tree.data
            state.postValue(PlaySuccess(projectList))
        } else {
            state.postValue(PlayError(NetworkErrorException(application.getString(R.string.
                no_network))))
        }
    }

    @ExperimentalPagingApi
    override fun getPagingData(query: Query) = Pager(
        PagingConfig(
            pageSize = PAGE_SIZE,
            enablePlaceholders = false
        )
    ) {
        ProjectPagingSource(query.cid)
    }.flow

}
```

可以看到，ProjectRepository 继承自前面定义的 BaseArticlePagingRepository。因为项目页面中的列表用到了 Paging，所以也可以使用 BaseArticlePagingRepository。然后我们定义了一个 getTree 方法用于获取项目分类的列表。最后实现了 BaseArticlePagingRepository 中的 getPagingData 方法，其中 pageSize 还使用 BaseArticlePagingRepository 中定义的 PAGE_SIZE 值，

接着传入项目页面的 `PagingSource`，并传入了项目类别的 id。下面来看看 `ProjectPagingSource` 的实现：

```kotlin
class ProjectPagingSource(private val cid:Int) : PagingSource<Int, ArticleModel>() {

    override suspend fun load(params: LoadParams<Int>): LoadResult<Int, ArticleModel> {
        return try {
            val page = params.key ?: 1 // 将第1页设为默认值
            val apiResponse = PlayAndroidNetwork.getProject(page, cid)
            val articleList = apiResponse.data.datas
            val prevKey = if (page > 1) page - 1 else null
            val nextKey = if (articleList.isNotEmpty()) page + 1 else null
            LoadResult.Page(articleList, prevKey, nextKey)
        } catch (e: Exception) {
            LoadResult.Error(e)
        }
    }

    override fun getRefreshKey(state: PagingState<Int, ArticleModel>): Int? =null
}
```

可以看到，`ProjectPagingSource` 的实现和 `HomePagingSource` 基本一致，而且在之后的公众号页面中还会用到，所以这里抽出一个 `BasePagingSource` 类，方便代码的调用及调试，如下所示：

```kotlin
abstract class BasePagingSource : PagingSource<Int, ArticleModel>() {

    override suspend fun load(params: LoadParams<Int>): LoadResult<Int, ArticleModel> {
        return try {
            val page = params.key ?: 1 // 将第1页设置为默认值
            val articleList = getArticleList(page)
            val prevKey = if (page > 1) page - 1 else null
            val nextKey = if (articleList.isNotEmpty()) page + 1 else null
            LoadResult.Page(articleList, prevKey, nextKey)
        } catch (e: Exception) {
            LoadResult.Error(e)
        }
    }

    override fun getRefreshKey(state: PagingState<Int, ArticleModel>): Int? =null

    abstract suspend fun getArticleList(page: Int): List<ArticleModel>
}
```

在上面的代码中，我们将 `ProjectPagingSource` 和 `HomePagingSource` 中共有的代码抽取了出来，抽取出来的类为 `BasePagingSource`。`BasePagingSource` 是一个抽象类，同样继承自 `PagingSource<Int, ArticleModel>`，并且实现了 `load` 方法。然后在获取列表数据的时候调用了抽象方法 `getArticleList`。`getArticleList` 子类必须实现，用来获取列表数据。这里由于 `ProjectPagingSource` 和 `HomePagingSource` 的数据都是 `ArticleModel`，所以不再继续抽象为泛型。

下面再来看看 `ProjectPagingSource` 的代码：

```kotlin
class ProjectPagingSource(private val cid: Int) : BasePagingSource() {
    override suspend fun getArticleList(page: Int): List<ArticleModel> {
        val apiResponse = PlayAndroidNetwork.getProject(page, cid)
        return apiResponse.data.datas
    }
}
```

可以看到，`ProjectPagingSource` 继承自我们刚刚编写的 `BasePagingSource`，然后实现抽象方法 `getArticleList`，并通过调用 `PlayAndroidNetwork.getProject` 来获取列表数据，接着返回列表数据，父类 `BasePagingSource` 中接收到列表数据之后再进行之后的操作。

`Repository` 编写完成之后，该编写项目页面的 `ViewModel` 了：

```kotlin
class ProjectViewModel(application: Application) : BaseArticleViewModel(application) {

    protected val _treeLiveData = MutableLiveData<PlayState>()

    val treeLiveData: LiveData<PlayState>
        get() = _treeLiveData

    suspend fun getData() {
        (repositoryArticle as OfficialRepository).getTree(_treeLiveData)
    }

    fun getDataList() {
        viewModelScope.launch(Dispatchers.IO) {
            getData()
        }
    }

    private val _position = MutableLiveData(0)
    val position: LiveData<Int> = _position

    fun onPositionChanged(position: Int) {
        _position.value = position
    }

    override val repositoryArticle: BaseArticlePagingRepository
        get() = OfficialRepository(getApplication())
}
```

可以看到，`ProjectViewModel` 也继承自 `BaseArticleViewModel` 类，然后创建了 `getData` 方法来获取项目的分类列表，为了防止再次进入页面又回到首页，将当前项目分类页码进行了保存。剩下的和 `HomePageViewModel` 中的一致，这里就不再赘述了。

10.3.2 实现项目页面的 UI 层

本节开头展示了项目页面的样式，其中文章列表在首页中已经实现，现在只剩下项目分类列表，也就是 Android View 中的 TabLayout，在 Compose 中类似的控件为 ScrollableTabRow。先来看看 ScrollableTabRow 方法的定义：

```
@Composable
fun ScrollableTabRow(
    selectedTabIndex: Int,    // 当前所选标签的索引
    modifier: Modifier = Modifier,    // 修饰符
    backgroundColor: Color = MaterialTheme.colors.primarySurface,    // 背景颜色
    contentColor: Color = contentColorFor(backgroundColor),    // 内容颜色
    edgePadding: Dp = TabRowDefaults.ScrollableTabRowPadding,    // ScrollableTabRow 的开始和结束边缘
与 ScrollableTabRow 内的选项卡之间的填充
    indicator: @Composable (tabPositions: List<TabPosition>) -> Unit = @Composable { tabPositions ->
        TabRowDefaults.Indicator(
            Modifier.tabIndicatorOffset(tabPositions[selectedTabIndex])
        )
    },    // 表示当前选择哪个标签的指示器
    divider: @Composable () -> Unit = @Composable {
        TabRowDefaults.Divider()
    },    // 显示在 ScrollableTabRow 底部的分隔线
    tabs: @Composable () -> Unit    // 此 ScrollableTabRow 中的选项卡
)
```

从上面的代码可以看到，ScrollableTabRow 一共有 8 个参数，其中只有当前所选标签的索引和此 ScrollableTabRow 中的选项卡必须填写，剩余参数都是可选的，每个参数的意思见代码注释。下面来看看如何使用 ScrollableTabRow：

```
@Composable
fun ArticleTabRow(
    position: Int?,
    data: List<ClassifyModel>,
    onTabClick: (Int, Int, Boolean) -> Unit
) {
    ScrollableTabRow(
        selectedTabIndex = position ?: 0,
        modifier = Modifier.wrapContentWidth(),
        edgePadding = 3.dp
    ) {
        data.forEachIndexed { index, projectClassify ->
            Tab(
                text = { Text(getHtmlText(projectClassify.name)) },
                selected = position == index,
                onClick = {
                    onTabClick(index, projectClassify.id, false)
                }
            )
        }
        onTabClick(0, data[position ?: 0].id, true)
    }
}
```

可以看到，我们将当前的索引传入 ScrollableTabRow，然后将 ScrollableTabRow 的选项卡设

置为 Tab，并将点击事件回调。点击事件有 3 个参数，第一个为当前选项卡的索引，第二个为当前项目分类的 id，第三个表示是否第一次加载数据，如果是第一次加载，传入 true，否则传入 false。

选项卡编写完成之后，就可以编写项目页面的 UI 了：

```
@Composable
fun ProjectPage(
    modifier: Modifier,
    enterArticle: (ArticleModel) -> Unit,
    viewModel: ProjectViewModel = viewModel(),
) {
    val lazyPagingItems = viewModel.articleResult.collectAsLazyPagingItems()
    val tree by viewModel.treeLiveData.observeAsState(PlayLoading)
    val position by viewModel.position.observeAsState()
    Column(modifier = Modifier.background(color = MaterialTheme.colors.primary)) {
        Spacer(modifier = Modifier.statusBarsHeight())
        LcePage(playState = tree, onErrorClick = {
            viewModel.getDataList()
        }) {
            val data = (tree as PlaySuccess<List<ClassifyModel>>).data
            ArticleTabRow(position, data) { index, id, isFirst ->
                if (!isFirst) {
                    viewModel.searchArticle(Query(id))
                    viewModel.onPositionChanged(index)
                } else {
                    if (position == 0) {
                        viewModel.searchArticle(Query(id))
                    }
                }
            }
            ArticleListPaging(modifier, rememberLazyListState(), lazyPagingItems, enterArticle)
        }
    }
}
```

可以看到，`ProjectPage` 的代码非常简洁，只有二三十行。首先来看方法的参数，一共有 3 个参数：第一个参数为修饰符；第二个参数是一个函数对象，用来跳转到文章详情页面；第三个参数为 `viewModel`，就是我们刚刚编写的 `ProjectViewModel`。接着来看方法内部的代码。同样通过 `collectAsLazyPagingItems` 扩展方法将 Flow 转为 Compose 可观察的 State，然后通过 `observeAsState` 将项目分类的值和当前项目分类的索引转为 State，之后创建了一个竖向线性列表，在列表内部放置了一个 Spacer 用来占位，接着使用上面定义的 `LcePage` 处理项目分类数据的状态，发生错误的时候将获取数据的回调传入。当获取项目分类数据成功时，将数据强转为 `ClassifyModel`，然后使用刚刚创建的 `ArticleTabRow` 展示项目的分类数据，在点击项目分类的时候加载对应分类中的项目列表。如果是第一次进入，默认加载第一个分类中的数据。最后，同样使用 `ArticleListPaging` 来加载项目列表。

至此，项目页面的 UI 层也写好了，下面运行看看效果，如图 10-13 所示。

从图 10-13 可以看到，我们实现的项目页面和之前的一样，而且在点击项目分类的时候，下面的文章列表也会随之切换。公众号页面和项目页面十分相似，如图 10-14 所示。

图 10-13　项目实现页面

图 10-14　公众号实现页面

其实不仅是 UI 层，连逻辑代码都可以重用，所以这里不再详细介绍公众号页面的实现，感兴趣的读者可以下载并查看本项目的源码。

10.4　实现其他页面

在 10.2 节和 10.3 节中，我们实现了项目中的首页和项目页面，还剩下文章详情页面和我的页面，本节中我们将编写这两个页面。

10.4.1　实现文章详情页面

我们已经实现了文章列表的数据获取及展示，但只是展示了列表，点击事件中的文章详情页面还没有实现。文章详情页面主要是通过 `WebView` 来进行展示的，第 9 章中我们已经实现了能够在 Compose 中进行调用并且可以和生命周期进行同步的 `WebView`，这里可以直接使用。下面来看看文章详情页面的代码：

```kotlin
@Composable
fun ArticlePage(
    article: ArticleModel?,
    onBack: () -> Unit,
) {
    val context = LocalContext.current
    val webView = rememberWebViewWithLifecycle()
    Scaffold(
        topBar = {
            PlayAppBar(getHtmlText(article?.title ?: "文章详情"), click = {
                if (webView.canGoBack()) {
                    // 返回上一个页面
                    webView.goBack()
                } else {
                    onBack.invoke()
                }
            }, showRight = true, rightImg = Icons.Filled.Share, rightClick = {
                sharePost(
                    article?.title,
                    article?.link,
                    context
                )
            })
        },
        content = {
            AndroidView(
                factory = { webView },
                modifier = Modifier
                    .fillMaxSize()
            ) { view ->
                view.loadUrl(article?.link ?: "")
            }
        }
    )
}
```

从上面的代码可以看到，我们首先通过 `rememberWebViewWithLifecycle` 方法定义了一个 `webView`，然后在文章详情页面中使用了脚手架 `Scaffold`，其中标题栏还是使用之前定义的 `PlayAppBar`，接着将文章的标题设置为页面的标题，返回事件设置为返回上一页，之后又为标题栏添加了分享按钮，并实现了文章分享的操作，最后 `Scaffold` 中的内容通过 `AndroidView` 来加载 `WebView`，并加载文章的网址。下面运行看看文章详情页面的效果，如图 10-15 所示。

图 10-15　文章详情页面

可以看到，文章详情页面已经成功显示，但上面的代码中还为标题栏添加了分享按钮及实现，下面来看看 sharePost 方法的代码：

```
// 分享文章
private fun sharePost(title: String?, post: String?, context: Context) {
    if (title == null || post == null) {
        return
    }
    val intent = Intent(Intent.ACTION_SEND).apply {
        type = "text/plain"
        putExtra(Intent.EXTRA_TITLE, title)
        putExtra(Intent.EXTRA_TEXT, post)
    }
    context.startActivity(
        Intent.createChooser(
            intent,
            context.getString(R.string.share_article)
        )
    )
}
```

可以看到，这里通过 Intent 将文章标题和链接进行了分享。运行代码，看看分享文章的效果，如图 10-16 所示。

图 10-16 文章分享页面

可以看到，分享弹框已经成功弹出，我们可以将文章相关信息分享到支持文本分享的应用程序中。

10.4.2 实现我的页面

目前主页中只剩我的页面还未编写。我的页面比较简单，只是一些个人信息展示，还有一些个人博客的链接，链接会通过我们编写的文章详情页面进行展示，相关代码如下：

```
@Composable
fun ProfilePage(actions: PlayActions) {
    Column(modifier = Modifier.fillMaxSize()) {
        Image(
            modifier = Modifier.fillMaxWidth(),
            painter = painterResource(R.drawable.img_head),
            contentScale = ContentScale.Crop,
            contentDescription = null
        )
        UserInfoFields(
            actions.enterArticle,
        )
    }
}
```

可以看到，在我的页面中创建了一个竖向线性布局，里面有一张图片和一个自定义的可组合项 `UserInfoFields`，将跳转到文章详情页面的函数作为对象传入可组合项中，然后可以跳转到对应的网页中。下面来看看 `UserInfoFields` 的具体实现：

```
@Composable
private fun UserInfoFields(
    enterArticle: (ArticleModel) -> Unit,
) {
    Text(
        text = "Zhujiang",
        modifier = Modifier.height(32.dp),
        style = MaterialTheme.typography.h5
    )
    Text(
        text = "手机号码",
        modifier = Modifier
            .padding(bottom = 20.dp)
            .height(24.dp),
        style = MaterialTheme.typography.body1
    )

    ProfileProperty(
        ArticleModel(
            title = stringResource(R.string.mine_blog),
            link = "https://zhujiang.blog.csdn.net/"
        ),
        enterArticle
    )

    ProfileProperty(
        ArticleModel(
            title = stringResource(R.string.mine_nuggets),
            link = "https://juejin.im/user/5c07e51de51d451de84324d5"
        ),
        enterArticle
    )

    ProfileProperty(
        ArticleModel(
            title = stringResource(R.string.mine_github),
            link = "https://github.com/zhujiang521"
        ),
        enterArticle
    )
}
```

可以看到，在 `UserInfoFields` 中首先使用 `Text` 展示个人信息，然后通过可组合项 `ProfileProperty` 展示个人的博客网站信息，再将函数对象 `enterArticle` 作为参数传递到可组合项 `ProfileProperty` 中。`ProfileProperty` 的代码如下：

```
@Composable
fun ProfileProperty(article: ArticleModel, enterArticle: (ArticleModel) -> Unit) {
    Column(modifier = Modifier
        .clickable {
            enterArticle(article)
        }
        .padding(start = 16.dp, end = 16.dp, bottom = 16.dp)
    ) {
        Divider()
        Text(
            text = article.title,
            modifier = Modifier.height(24.dp),
            style = MaterialTheme.typography.caption
        )
        Text(
            text = article.title,
            modifier = Modifier.height(24.dp),
            style = MaterialTheme.typography.body1
        )
    }
}
```

可以看到，这里首先创建了一个竖向线性列表，然后通过可组合项将点击事件设置为跳转到文章详情，并在线性列表中通过 Text 展示个人博客网站的标题等信息。

至此，我的页面就创建完成了，下面运行看看效果，如图 10-17 所示。

图 10-17 我的页面

可以看到我的页面也成功运行了。至此,"玩 Android"应用程序的实现就告一段落。由于"玩 Android"的 API 和功能模块有很多,因此本书不可能对 API 逐一介绍并使用,大家可以自行去"玩 Android"网站查阅并尝试在此项目的基础上实现其他功能。

10.5 小结

时间过得真快,就要和大家说再见了。这段时间里我们从最开始不清楚 Compose,到现在可以直接用 Compose 开发应用程序,甚至可以直接使用 Compose 维护老项目,学到了很多,但 Compose 的内容远不止这些。大家在学习或者工作中一定要多读源码,源码是最好的老师,也是最准确的文档,只有善于阅读源码,才能无惧新技术的迭代,才能在工作中具有更强的竞争力。

我会长期在博客和微信公众号上分享更多关于 Android、Compose、Kotlin、Flutter 等相关的技术文章,如果大家感兴趣,可以去我的博客和公众号中继续学习。如果对本书内容有疑问,可以在博客或公众号中留言,博客地址和公众号见本书封面。希望大家工作顺利,一路升职加薪!

最后送给大家一句话:多学一个知识点,就少说一句求人的话。

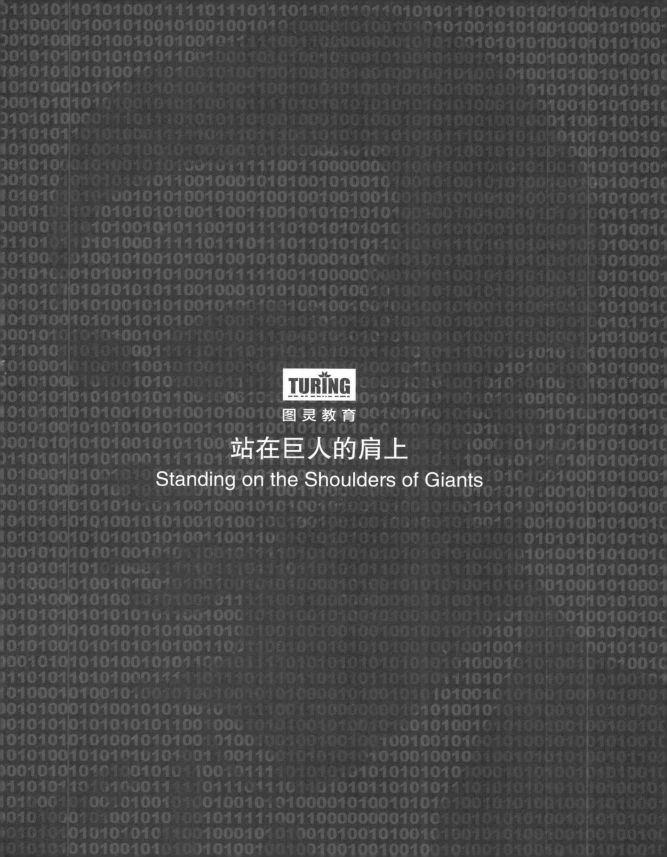

图灵教育

站在巨人的肩上
Standing on the Shoulders of Giants